社会资本参与农田水利建设管理模式研究及应用

——以陆良县恨虎坝中型灌区为例

王俊　柳长顺　王冲 等　著

中国水利水电出版社
www.waterpub.com.cn
·北京·

内 容 提 要

本书在现有农田水利工程建设和管理的基础上，结合云南省恨虎坝中型灌区农田水利工程建设实际，探索了吸引社会资本解决农田水利建设和管理“最后一公里”问题的模式；从恨虎坝研究区概述、机制建设、工程建设、成效及经验、模式应用推广等5个方面进行叙述，系统地解析了机制建设的做法，全面总结了试点取得的成果，提出了推广意见与建议，便于更好地复制推广试点的模式。

本书可供水利行业相关管理人员、技术人员，以及水利院校相关专业师生参考。

图书在版编目（CIP）数据

社会资本参与农田水利建设管理模式研究及应用 ：以陆良县恨虎坝中型灌区为例 / 王俊等著. -- 北京 ：中国水利水电出版社，2022.2
ISBN 978-7-5226-0540-1

Ⅰ. ①社… Ⅱ. ①王… Ⅲ. ①社会资本－参与管理－灌区－农田水利建设－管理模式－研究－陆良县 Ⅳ. ①S274

中国版本图书馆CIP数据核字(2022)第042969号

书 名	**社会资本参与农田水利建设管理模式研究及应用——以陆良县恨虎坝中型灌区为例** SHEHUI ZIBEN CANYU NONGTIAN SHUILI JIANSHE GUANLI MOSHI YANJIU JI YINGYONG——YI LULIANG XIAN HENHUBA ZHONGXING GUANQU WEILI
作 者	王 俊 柳长顺 王 冲 等 著
出版发行	中国水利水电出版社 （北京市海淀区玉渊潭南路1号D座 100038） 网址：www.waterpub.com.cn E-mail：sales@mwr.gov.cn 电话：(010) 68545888（营销中心）
经 售	北京科水图书销售有限公司 电话：(010) 68545874、63202643 全国各地新华书店和相关出版物销售网点
排 版	中国水利水电出版社微机排版中心
印 刷	北京印匠彩色印刷有限公司
规 格	170mm×240mm 16开本 7.25印张 115千字
版 次	2022年2月第1版 2022年2月第1次印刷
定 价	**78.00**元

《社会资本参与农田水利建设管理模式研究及应用——以陆良县恨虎坝中型灌区为例》

编　委　会

主　　编： 王　俊　柳长顺　王　冲

参编人员： 冯保清　王红坤　袁晓奇　张云峰

张瀚元　亚盛祥　刘伟芳　侯光启

把家富　郑书琼　陈寿云　刘　静

杨彦明　余艳欢

前言

FOREWORD

农业是国民经济的基础，农田水利是农业建设不可或缺的首要条件，是经济社会发展不可替代的基础支撑，是生态环境改善不可分割的保障系统。我国农田水利工程在抵御水旱灾害、发展粮食生产、保障粮食安全、改善农民生产条件、促进农村经济社会发展以及全面建成小康社会等方面有着不可替代的作用。长期以来，农田水利工程建设和管理由政府大包大揽，存在投入不足、设施不配套、管理不到位、机制不灵活等问题，市场投资主体“进不了”，也“不愿进入”农田水利工程建设领域，与当前全面深化经济体制改革、使市场在资源配置中起决定性作用，这一市场经济发展要求极不适应，严重制约了农田水利改革发展以及农业农村经济的可持续发展。

2014年3月，习近平总书记提出“节水优先、空间均衡、系统治理、两手发力”治水思路，为强化水治理、保障水安全指明了方向，为做好农田水利工作提供了科学指南。同年6月，时任国务院副总理汪洋同志考察云南水利工作时，强调要创新水利建管机制，促进农业节约用水，并提出了“先建机制、后建工程”的水利改革总体要求。按照新时期治水思路及总体要求，水利部、云南省委省政府迅速贯彻落实汪洋副总理指示精神，启动了云南省曲靖市陆良县恨虎坝中型灌区创新机制改革试点。试点项目立足云南省情，结合恨虎坝中型灌区农田水利工程建设实际，通过引入社会资本和投资主体参与农田水利工程建设、运营和管理，探索吸引社会资本解决农田水利建设和管理“最后一公里”问题的模式，并为破解长期困扰农田水利发展困局提供经验借鉴。

陆良县恨虎坝中型灌区创新机制试点是水利部确定的全国第一个规范性引入社会资本解决农田水利建设和管理“最后一公里”问

题的水利改革项目。这是水利人对国家的庄重承诺，既是“节水优先、空间均衡、系统治理、两手发力”治水思路的具体实践，也是习近平总书记治国理政重要理念与重要思想的丰富发展，对推进中华民族治水兴水大业具有重大而深远的意义。试点是在水利部的直接指导和云南省委省政府的直接领导下，由云南省人民政府具体组织，省水利厅牵头负责，云南省委农办、省发展改革委、省财政厅、省农业厅等部门配合，曲靖市人民政府作为责任主体，陆良县人民政府作为实施主体。水利部发展研究中心、中国水利水电科学研究院、北京森鑫节水技术开发有限公司、大禹节水集团股份有限公司、云南省水利水电科学研究院等参与编制了试点机制方案。研究人员在试点探索实践的基础上，系统解析了机制建设的做法，全面总结了试点成效与取得的主要经验，提出了推广意见与建议，进而撰写了此书，以便更好地复制推广试点模式。

恨虎坝中型灌区创新机制试点实施以及本书编写过程中得到了有关单位与专家的大力指导、支持，本书出版得到了国家重点研发计划政府间国际科技创新合作/港澳台科技创新合作重点专项项目“中泰合作二期适应气候变化的社区水资源管理”(2017YFE0133000)、国家重点研发计划项目区域水平衡机制与国家水网布局优化研究（2021YFC3200085）以及大禹节水集团股份有限公司的资助，在此一并表示感谢。

作者

2021年12月

目录
CONTENTS

第一章

概　述

第一节 研 究 背 景

2014 年 6 月 4 日至 5 日，时任国务院副总理汪洋同志考察云南水利工作时，实地调研陆良县恨虎坝中型灌区，强调要充分利用水价的市场调节价格杠杆作用，引导和调动市场主体参与农田水利建设与管护的积极性，对云南水利改革提出了“先建机制、后建工程”的总体要求，并就云南农村水利试点改革作出重要批示，请水利部注意跟踪云南水利改革进程。

水利部迅速贯彻落实汪洋同志指示精神，高度重视和高位组织实施云南农村水利改革试点工作，将云南省陆良县恨虎坝中型灌区作为全国试点，探索引入社会资本和市场主体解决农田水利建设和管理“最后一公里”问题的机制创新模式。并由时任水利部部长陈雷同志亲自抓、副部长李国英同志具体抓，明确水利部农水司牵头负责该机制创新试点的推进，形成可复制、可推广的试点经验。

云南省委省政府高度重视汪洋同志有关指示精神和水利部总体要求，将试点建设工作当做一项政治任务和重大机遇。时任云南省委书记李纪恒、省长陈豪、副省长张祖林先后到省水利厅和项目试点区进行水利改革调研，要求将中央部署与试点灌区的实际结合起来，实施好试点项目的各项改革任务，总结出可复制、可推广、可持续的改革经验。

在水利部的直接指导和云南省委省政府的直接领导下，由云南省人民政府具体组织，省水利厅牵头负责，曲靖市人民政府作为责任主体，陆良县人民政府作为实施主体，省委农办、省发展改革委、省财政厅、省农业厅等部门参与配合，实施完成了陆良县恨虎坝中型灌区创新建管机制试点项目的建设及各项改革工作。

第二节 研 究 意 义

一、理论意义

PPP（Public－Private－Partnership）模式，是指政府与私人组织之间，为了合作建设城市基础设施项目，或是为了提供某种公共物品和服务，以特许权协议为基础，彼此之间形成一种伙伴式的合作关系，并通过签署合同来明确双方的权利和义务，以确保合作的顺利完成，最终使合作各方达到比预期单独行动更为有利的结果。PPP模式以其政府参与全过程经营的特点受到国内外广泛关注。PPP模式将部分政府责任以特许经营权方式转移给社会主体（企业），政府与社会主体建立起“利益共享、风险共担、全程合作”的共同体关系，政府的财政负担减轻了，社会主体的投资风险减小了。

PPP模式在国际市场并不少见。在欧洲尤其是英国，PPP适用的领域涉及交通运输、公共服务、燃料和能源、公共秩序、环境和卫生、娱乐和文化、教育和国防等。在中国，PPP项目的历史并不太长，大多集中在供水、污水处理、城市交通等领域。

本试点项目在农田水利工程建设管理中具体、规范地实施了PPP模式，这是对PPP模式在公益性较强的农田水利领域的一次成功拓展，丰富了PPP模式运用于准公益性以及公益性农田水利基础设施领域的理论基础和实践基础。

二、现实意义

1. 有利于提高农田水利基础设施建设资金的使用效率

吸引社会资本参与农田水利基础设施建设，由民营企业负责部分项目的融资，可以节省政府的投资。同时，民营企业参与农田水利基础设施项目建设，可以缩短项目建设周期、节约成本，从而以更低的成本在更短的时间内提供高质量、更有效的公共基础设施服务。

2. 有利于避免形成政府独担风险的局面

政府与民营企业合作建设农田水利基础设施，项目的一部分风险由民营企业承担，从而减轻了政府的风险。

3. 有利于先进的工程技术以及管理技术在农田水利基础设施建设管理中推广

民营企业盈利性的根本特点决定其更倾向于采用新技术来降低成本、增加利润，把民营企业先进的管理技术、管理理念、管理手段应用于农田水利基础设施的建设管理，有利于提高管护水平。

4. 有利于调动农民参与农田水利建设的积极性

社会资本进入农田水利建设领域，其最大可能盈利、增加利润的动机将与产业发展、农业增收息息相关，将直接或间接地与群众利益相互融合，从而带动当地群众增产、增效、增收，进一步调动群众参与农田水利建设的积极性。

第三节　研究区基本概况

一、自然地理、社会经济和水资源概况

（一）自然地理概况

陆良县地处云南省东部，处于珠江流域南盘江一级支流上游，属云贵高原的滇中区，素有“滇东明珠”之称。本次恨虎坝改革试点机制创新模式的研究区，就位于陆良县西部的小百户镇。

研究区气候终年温和，属北亚热带高原季风型冬干夏湿气候区，春暖干旱，秋凉湿润，夏无酷暑而多雨，冬无严寒较干燥。研究区多年平均气温14.7℃，最高气温33.9℃，最低气温－13.2℃；多年平均日照时数2233.8h，最多年日照时数2452.8h，最少年日照时数1883.4h；多年平均霜日44d，最长82d，最短23d。多年平均相对湿度74％，最大相对湿度78％。多年平均降水量938.3mm，最大年降水量1334.3mm，最小年降水量578.7mm。由于受季风的影响，降水量年内分配不均，其中5—10月降水量占全年降水量的86.2％，11月至次年4月占13.8％。区内平均年蒸发量2256mm，为年降水量的2.3倍，尤其是春季，由于气温回升快，风速大，蒸发旺盛，同时降水又少，常出现不同程度的春旱。

（二）社会经济概况

陆良县辖7个镇、2个乡、2个街道办事处和1个华侨农场，研究区所在地隶属小百户镇的炒铁村委会，炒铁村委会共有3个自然村（炒铁村、章柏村、硝洞村），5个村民小组，农户1050户3788人，乡村劳动力总资源2367人。其中研究区直接受益的有2个自然村（章柏村、硝洞村），3个村民小组，涉及农户542户1983人。

研究区所在地的炒铁村委会主要种植作物为水稻、烤烟、洋芋、玉米等，2013年度经济总收入4770.59万元，其中农业收入3946.6万元，农民人均纯收入7442.16元。粮食总产量613.1万kg，蔬菜产量111.5万kg，人均产粮1618.5kg。

（三）水资源概况

陆良县境内有属珠江流域西江水系的南盘江及其支流，大小河流24条。本县区域内多年平均径流量8.54亿m^3，P＝50％时年径流量8.113亿m^3，P＝75％时年径流量6.06亿m^3，P＝95％时年径流量3.84亿m^3。

恨虎坝水库为研究区主要供水水源。该水库坐落在赫斐河上，坝址以上控制径流面积24.8km^2，主河道长12.9km，坡降15.0‰，流域形状系数0.154。流域最高点（河源）高程2290.70m，坝址高程1880.00m，平均海拔高程2081.00m。多年平均径流量1130万m^3，P＝50％时年径流量

1060 万 m^3，P=75%时年径流量 785 万 m^3，P=85%时年径流量 644.10 万 m^3，P=95%时年径流量 478 万 m^3。

二、农业生产概况

截至 2013 年年底陆良县的总灌溉面积 46.62 万亩，有效灌溉面积 44.78 万亩，实际灌溉面积 37.31 万亩，其中节水灌溉面积 18.86 万亩。全县全年粮食播种面积 101.77 万亩，其中：水稻 18.08 万亩、玉米 22.08 万亩、小麦 1.80 万亩、蚕豆 10.07 万亩、板田洋芋 10 万亩、杂粮 7.71 万亩。

研究区主要种植作物为水稻、烤烟、洋芋、玉米，2013 年度农作物总播种面积 2.30 万亩，粮食总产量 613.1 万 kg，其中：夏收粮食 137.1 万 kg、秋收粮食 476 万 kg。猪肉产量 76 万 kg，蔬菜产量 111.5 万 kg。

三、水利设施现状

（一）水源工程

研究区供水水源工程为恨虎坝水库、老恨虎坝水库。其中：恨虎坝水库为骨干水源工程，该工程于 2012 年 12 月底建成，总库容 807 万 m^3，兴利库容 519 万 m^3，死库容 48.3 万 m^3。老恨虎坝水库位于恨虎坝水库下游，受地形条件约束，无法自流灌溉研究区土地。

（二）灌排骨干工程

试点前，全县共建成灌排渠道长度 1076km，防渗长度达 397.9km，其中：流量大于 $1m^3/s$ 的共 413km，防渗长度达 144km；流量小于 $1m^3/s$ 的共 663km，防渗长度达 253.8km；排水沟渠长度 31.6km，配套小型泵站 48 座，装机容量 1265kW；防渗形式主要为浆砌石、混凝土衬砌。还有部分渠道为土渠，且每年清淤不彻底，沟渠过水流量减小，灌溉面积逐年萎缩，水土流失严重，渗漏、垮塌现象严重，供水能力逐年降低。

研究区的主要供水水源工程为恨虎坝水库，试点前该水库配套渠系主要有总干渠、南干渠、北干渠 3 条，共 10.79km，没有配套支渠及其以下渠道与研究区连通，同时研究区也没有配套田间工程设施，恨虎坝水库水量无法供到研究区。

（三）田间工程

全县于 20 世纪 80 年代开始推行畦灌。由于地块大，平整度差且田间工程配套不完善、灌水技术落后，仍存在大水漫灌、串灌的灌溉方式，浪费水现象严重，水资源利用效率和效益较低。

研究区内耕地全为旱地，试点前灌溉方式主要为“望天”灌溉和群众拉水灌溉，没有田间工程配套设施。

四、运行管理现状

（一）运行机制不健全，灌区运行管理相对落后

灌区内水利工程管理体制不健全，运行机制不合理，投入机制不完善，缺乏经济自立能力；普遍存在“重水源、轻配套，重建设、轻管理”的思想，无资金投入配套设施的建设和维护；缺乏灌区统一管理经验，灌溉供水调配不尽合理，存在灌水技术落后，水量浪费严重现象。

（二）灌区水价体制还不健全，节水意识淡薄

灌区内水价虽历经多次改革，但核定的水费标准依旧偏低。农业灌溉水价仅 0.04 元/m^3，供水水价远远低于成本水价。长期的低水价运行，工程得不到及时更新改造和维修养护，新型的节水灌溉技术和先进的管理手段得不到推广应用。项目区低廉的水价和按亩收费的传统，淡化了农民的节水意识，大水漫灌、串灌的落后习惯既浪费了水资源，又恶化了生态环境。

第四节　试　点　示　范

一、总体思路

按照“先建机制、后建工程”的总体要求，坚持公开公平公正、政府企业群众三方共赢的原则，以农田水利设施产权和水权分配制度改革为基础，以群众全程参与为前提，以良好政策环境和优质服务为保障，充分发挥农业水价的杠杆作用，吸引社会资本和市场主体参与农田水利设施建设、运营和管理，有效破解农田水利建设和管理“最后一公里”问题，为农民增收、农业增效、农村繁荣奠定坚实的水利支撑。

二、主要内容

试点改革的内容包括机制建设和工程建设两部分。机制建设的主要任务是探索建立初始水权分配、合理水价形成、节水激励、社会资本参与、用水专业合作组织参与、国有工程建管以及田间工程管护等7项机制。工程建设的主要内容是投资2712万元（包括吸引社会投资646万元），新建泵站2座，铺设干支管道243km，田间管网1111km，配套田间计量设施472套和用水自动化控制系统，实施微灌高效节水灌溉面积1.008万亩。

三、实施历程

恨虎坝中型灌区作为改革试点后，云南省将其作为深化农村水利改革的重大任务和重要机遇，在水利部的全程指导帮助下，主要从扎实开展前期准备工作、全力推进工程实施两个方面开展工作。

（一）扎实开展前期准备工作

1. 建立高位推动、上下联动的组织保障体系

水利部建立了部长牵头抓、副部长亲自抓、相关司局具体抓的工作指导协调机制，全程参与、指导开展改革试点工作。云南省委省政府高度重视改革试点工作，主要领导多次深入实地调查研究、安排部署，并建立了相应的工作协调机制。明确省水利厅为推进改革试点的牵头负责部门，曲靖市政府为推进改革试点的责任主体，陆良县政府为推进改革试点的实施主体。同时健全完善了省政府督办的工作机制，确保了工作的顺利推进。

2. 动员群众全程参与试点改革

为保障改革顺利实施，充分发挥项目区群众的主体作用，通过召开党员会、户代表会、村民大会等方式，把政府的改革意图向群众宣传到位，算清改革前后对比账，让群众知晓改革、理解改革、支持改革、参与改革，形成了群众参与的改革共识，奠定了改革推进的群众基础。项目区累计召开党员会 7 次 387 人次、户代表会 5 次 260 人次、村民大会 3 次 2860 人次、入户 2 次座谈 162 户，征求意见 72 条。

3. 认真制订机制建设方案和工程建设方案

（1）深入调研，准确掌握。方案编制组深入研究区广泛宣传、开展入户调查，摸清各家各户土地面积、生产生活、用水需求、经济收入等情况，开展航拍实测、土地丈量，认真复核，准确掌握第一手资料。

（2）全面分析，系统设计。把研究区的具体问题和国家的宏观政策进行对比分析，有针对性地提出改革试点的机制方案和工程建设方案。

（3）汇集民智，反复论证。水利部召开两次部长办公会专题研究，从宏观层面界定了改革的方向、目标和路径，多次派出工作组深入实地调研，全程参与方案编制。云南省政府召开两次会议专题研究部署改革工作，省水利厅及各相关责任部门多次研究落实改革细化方案。委托国内权威科研院所作为技术支撑单位，邀请国内水利、法律、经济等各类知名专

家多次参与方案可行性论证，方案反复征求项目区群众和各基层部门意见。最终试点机制方案通过水利部审查，工程方案通过省水利厅审查以及曲靖市人民政府、云南省水利厅联合批复。

（二）全力推进工程实施

组建试点项目建设管理局作为项目法人。国有工程部分按“四制”要求，由项目法人组织实施，田间工程部分由有限公司自主建设，政府提供服务、强化监管。采取时间倒逼、工期倒排、按日奖惩、群众监督等措施，全力抢抓进度，在参建各方的共同努力下，用 90d 如期完成试点项目工程建设任务，确保大春栽插用水。2016 年 12 月，试点项目通过验收。

第二章

机　制　建　设

第一节　建立初始水权分配机制

一、定义

水权，即为水资源产权，它是一种公共产权，其含义是指水资源被某一特定群体共同拥有，但区别于开放利用的公共财产，群体内存在特定的水资源利用规则，并设立公共管理机构对水资源实施权属管理。

水权的定义，更侧重于强调产权是在水资源稀缺条件下人们使用水资源的权利，它是一种排他性权利，是可以进行平等交易的权利。

初始水权分配，就是水权产权的界定。水权制度建立的关键是水权产权的清晰，没有这种权利的初始界定，就不存在权利转让和重新组合的市场交易。要使水权这一公共产权向私有产权转变，使水权具备条件可以真正进入市场进行交易，这一过程的关键在于水权的初始分配。通过水权初始分配，使水权得以清晰界定，实现产权的高效率运作。

二、机制建立的目的和意义

水权初始分配的过程也就是水权清晰界定的过程，实现水权初始分配不仅有利于保障人口、资源、环境和经济的协调持续发展，同时也有利于资源配置效率的提高，最重要的是为水权交易的实现提供了必要的前提。

初始水权分配机制的确定完善是水资源开发利用控制红线和用水效率控制红线的具体实践，也为建立健全水价形成机制、节水奖励机制提供了坚实依据，把粗放用水方式转变为精细用水管理方式，实现了最严格水资源管理制度宏观政策落地生根。

三、机制建立的简要步骤

按照总量控制、定额管理、效率优先、留有余地的原则，落实最严格水资源管理制度宏观政策。

（1）按照用水有保障、用水不浪费的原则，统筹考虑生产生活生态用水，比较可供水量和实际需水量，取小值作为项目区用水总量控制指标；并将用水指标逐级分解到乡镇、村、项目区、用水户。

（2）根据作物种植结构，参考云南省地方标准《用水定额》（DB 53/T 168—2013），结合项目区群众用水调查和工程设计的灌溉制度，按照从严从紧的原则，确定用水综合定额，赋予项目区用水总量及亩均用水量。

（3）由县级人民政府委托水行政主管部门颁发水权证到户，并载明用水权益。

（4）依据来水丰枯情况，每年动态调整用水总量控制指标。

（5）实行水权交易，盘活水市场。

四、机制建立的基本流程

初始水权分配机制流程如图 2.1 所示。

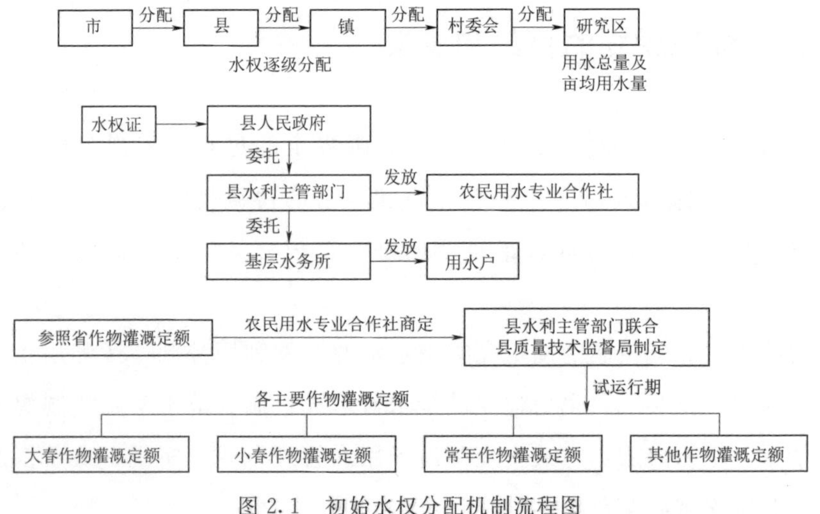

图 2.1　初始水权分配机制流程图

小贴士

用水总量控制指标分解是建立在大量收集整理和核定相关指标信息的基础上，根据全县多年实际供用水情况，优先考虑人类生存和基本用水需求；保障农业生产用水；尊重用水的传统现状；向经济发展重点行业适当倾斜，保障国民经济的可持续发展；留有充分的可调节余地，供必要时进行调节，在此基础上将县级用水总量控制指标逐步分解到各行业（工业、农业、服务业）、各乡镇以及各行政村。在完成各行业、各乡镇以及各行政村的用水总量控制指标分解工作之后，最终由县人民政府批准，并统一发文确认。

五、以恨虎坝为例机制建立详解

（一）自上而下进行用水总量控制指标分解

1. 陆良县用水总量控制指标分解

陆良县试点前5年的年均总用水量为2.2亿m^3/年，其中农业年均用水量为1.77亿m^3。2014年云南省对全省用水总量控制指标进行了分解细化，已明确陆良县2015年的用水总量控制指标为3.1亿m^3，2020年的用水总量控制指标为3.54亿m^3，2030年的用水总量控制指标为3.89亿m^3。在此基础上，陆良县人民政府将根据全县多年实际供用水情况，按照促进节约、适当预留的原则，将县级用水总量控制指标逐步分解到各行业（工业、农业、服务业）、各乡镇（7个镇、2个乡、2个街道办事处和1个华侨农场）以及各行政村。按照用水行业分配，2015年全县农业用水量为1.77亿m^3，生活、工业和生态等其他用水量为1.33亿m^3。

2. 研究区用水总量控制指标分解

试点前 5 年小百户镇年均用水量为 0.37 亿 m^3，其中农业用水量 0.29 亿 m^3，工业、生活和生态等其他用水量为 0.08 亿 m^3。2015 年陆良县用水总量控制指标分解到小百户镇是 0.54 亿 m^3，其中：农业用水量 0.44 亿 m^3，生活、工业和生态等其他用水量 0.1 亿 m^3。2015 年小百户镇分解到炒铁村的农业用水总量控制指标是 636 万 m^3，炒铁村亩均毛用水量 $320m^3$。

3. 确定研究区可供水量

研究区所在的炒铁村委会，供水水源工程主要是根虎坝水库以及老根虎坝水库。这两座水源工程 $P=85\%$时可供水总量为 612.58 万 m^3。预留罗贡坡耕地用水量为 25.14 万 m^3；预留村庄人畜饮水需水量为 27.72 万 m^3；预留下游河道生态需水量为 56.52 万 m^3，考虑项目区外的灌溉用水 153.2 万 m^3，分配到项目区的可供水量为 350 万 m^3，项目区亩均毛用水量 $347.2m^3$。

（二）自下而上确定农业灌溉用水总量控制指标

根据根虎坝国民经济发展和农业发展需要，研究区将对农田水利和农业种植结构进行新一轮规划调整，并以 2013 年为现状基准年，2020 年为规划水平年，设计灌溉保证率为 85%。

（1）灌溉规划。研究区农田水利规划主要通过田间工程新建灌溉配套 1.008 万亩，灌溉水利用系数从原来的 0.5 提高到 0.85。根据灌溉面积的地理位置和灌溉方式，将研究区划分为章柏村灌片和硝洞村灌片两个灌片。

1）章柏村灌片：范围为炒铁村、章柏村东边至永清河下段西边、硝洞村北边之间的区域，设计灌溉面积 0.5449 万亩，设计灌溉面积均为旱地，主要是提水灌溉。

2）硝洞村灌片：位于硝洞水库周边的上游，面积为 0.4631 万亩，均为旱地，主要是提水灌溉。

（2）农作物种植结构。结合陆良县农业产业结构调整计划，研究区将进行农作物种植结构调整。通过农作物种植结构调整，研究区复种指数将由现状的1.46调整为1.94。

研究区内现状年作物种植以烤烟、洋芋、玉米为主，灌溉保证率为75%，复种指数为1.46。研究区现状年农作物种植比例调查结果详见表2.1。

表2.1　　研究区现状年（2013年）作物种植面积结构表

作物名称		章柏村灌片		硝洞村灌片		合计		备注
		面积/亩	比例/%	面积/亩	比例/%	面积/亩	比例/%	
大春	玉米	985	18.1	760	16.4	1745	17.3	
	烤烟	1650	30.3	1350	29.2	3000	29.8	
	夏洋芋	1205	22.1	985	21.3	2190	21.7	
小春	麦类	575	10.6	425	9.2	1000	9.9	研究区总灌溉面积1.008万亩，其中章柏村灌片0.5449万亩、硝洞灌片0.4631万亩
	蚕豆	230	4.2	175	3.8	405	4.0	
	秋洋芋	1200	22.0	965	20.8	2165	21.5	
	冬洋芋	2105	38.6	1750	37.8	3855	38.2	
	萝卜	230	4.2	160	3.5	390	3.9	
合计		8180	150.1	6570	141.9	14750	146.3	
复种指数		1.50	1.50	1.42	1.42	1.46	1.46	

近年来，水稻、玉米、烤烟和洋芋一直是小百户镇的主要种植作物，也是小百户镇农业经济的主要支柱。工程建设后，灌溉条件将大为改善，农户将充分利用水利条件大力发展产值高、效益好的作物，结合本项目微喷灌的工程措施，因此研究区规划年作物种值主要以洋芋、蔬菜类为主。拟定的农作物规划种植面积比例见表2.2。

（3）作物灌溉定额。研究区范围内缺乏水文、气象资料，本方案将根据实地调查情况，结合云南省地方标准云南省地方标准《用水定额》（DB 53/T 168—2013），初步确定各类作物的灌溉定额（表2.3）。

表 2.2　　　研究区规划年（2020 年）作物种植面积结构表

作物名称		章柏村灌片		硝洞村灌片		合　计		备　注
		面积/亩	比例/%	面积/亩	比例/%	面积/亩	比例/%	
大小春	夏洋芋	2205.0	40.5	2050.0	44.3	4255	42.2	项目区总灌溉面积1.008万亩
	秋洋芋	2212.0	40.6	1915.0	41.4	4127	40.9	
	冬洋芋	4425.0	81.2	3540.0	76.4	7965	79.0	
全年	蔬菜	895.0	32.9	730.0	31.5	1625	32.2	
合计		10632	195.1	8965	193.6	19597	194.4	
复种指数		1.95	1.95	1.94	1.94	1.94	1.94	

表 2.3　　　研究区规划年主要作物灌溉定额对照表（$P=85\%$）

作　物　名　称		灌水次数	灌溉定额/(m^3/亩)	灌溉方式
大小春	夏洋芋	5	75	微喷灌
	秋洋芋	6	75	
	冬洋芋	6	105	
全年	蔬菜	24	395	

（4）需水量计算。

综合灌溉净定额＝作物 1 种植比例×灌溉定额 1＋作物 2 种植比例×灌溉定额 2＋……

综合灌溉毛定额＝综合灌溉净定额/灌溉水利用系数

毛需水量＝综合灌溉毛定额×全灌区灌溉面积

研究区灌溉需水量计算结果见表 2.4。

表 2.4　　　研究区灌溉需水量表

灌片名称	灌溉面积/亩	万亩综合灌溉净定额/(m^3/亩)	综合灌溉水利用系数	万亩综合灌溉毛定额/(m^3/亩)	毛需水量/万 m^3
章柏村灌片	5449	275.82	0.85	324.5	176.82
硝洞村灌片	4631	269.01	0.85	316.48	146.56
研究区综合	10080	272.69	0.85	320.81	323.38

注　研究区灌溉面积为 1.008 万亩，规划年灌溉水利用系数为 0.85，复种指数为 1.94。

（三）确定研究区灌溉用水总量控制指标

研究区可供水量确定的用水总量控制指标为 350 万 m^3。根据作物种植结构计算用水需求指标为 323.38 万 m^3。按照就低不就高的原则，确定以作物种植结构计算的用水总量控制指标 323.38 万 m^3，作为本次研究区灌溉用水总量控制的指标。

小贴士

确定的灌溉用水总量控制指标为一定水平年的灌溉用水总量控制指标。考虑到各年的来水情况，灌溉用水总量控制指标应根据当年的可用水量实行动态调整。

（四）确定水权

恨虎坝水库和老恨虎坝水库管理单位根据供水等情况，依法办理取水许可证，总的供水许可水量为 612.58 万 m^3。其中，向炒铁为民农民用水专业合作社的供水水量 323.38 万 m^3，亩均用水量 $320m^3$。

农民用水户的农业用水水权证，由炒铁为民农民用水专业合作社按照土地面积和亩均用水量 $320m^3$ 确权到户，并由陆良县水务局核定后向农户颁发农业用水水权证。水权证由陆良县人民政府统一印制。

（五）水权交易

研究区在恨虎坝水库管理所设立水权交易平台。研究区内各用水户节余的用水量，用水户之间可在恨虎坝水库管理所进行水权转让交易，也可以由县水行政主管部门授权的供水管理单位回购后在研究区或其他研究区间进行水权转让交易。研究区外的交易需征求研究区内用水户的意见后，报县水行政主管部门审批后进行交易。

研究区内土地发生流转的，水权一并流转，并同时到县水行政主管部门授权的供水管理单位进行登记。

（六）实施流程图解

恨虎坝初始水权分配流程如图 2.2 所示。

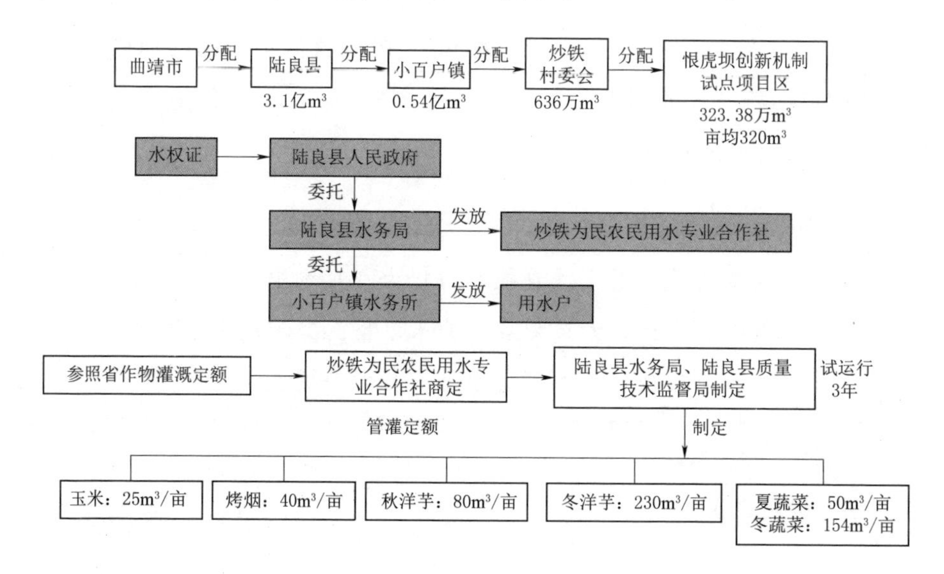

图 2.2　恨虎坝初始水权分配流程图

六、实施细则

根据上述分析，制订了《恨虎坝中型灌区水权分配及水权交易管理办法（暂行）》，详见附录。

第二节　建立合理水价形成机制

一、定义

水价，顾名思义，就是指水的价格。成本水价，一般是指用户水价涵盖供水服务的全部成本，包括输配水管网成本、配套工程及设施的投资成本和运行成本等。

根虎坝机制模式中，成本水价由国有水库工程成本水价、国有干支管工程成本水价、田间工程成本水价3部分构成；运行水价由国有水库工程运行水价、国有干支管工程运行水价、田间工程成本水价3部分构成。

二、机制建立的目的和意义

水价形成机制的建立是确保工程良性运转、引入的社会资本有合理收益、群众有承担水费能力的前提。

三、机制建立的简要步骤

按照科学测算、群众参与、分类定价的原则，依据水价测算规程，确定测算终端水价、执行水价两方面内容。

（1）测算终端水价。国有工程测算水价与末级工程测算水价汇总测算成本水价和运行水价。

（2）合理确定执行水价。在统筹考虑用水户承受能力、社会资本合理收益、种植结构、工程管护等因素后，合理确定项目实施不同阶段的执行水价。试运行期内可考虑逐年递增水价，至期末达到运行水价水平。

四、机制建立的基本流程

水价形成机制如图2.3所示。

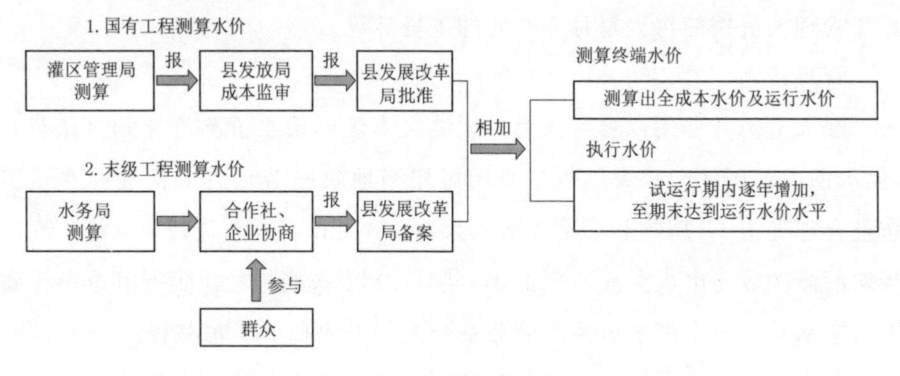

图2.3　水价形成机制

五、以恨虎坝为例机制建立详解

（一）测算国有水利工程供水水价

1. 国有水库工程水价

根据有关部门测算，水库工程农业供水全成本水价为 0.25 元/m^3，运行水价为 0.12 元/m^3，现执行水价为 0.04 元/m^3。

2. 国有干支管工程水价

研究区高效节水灌片供水量为 323.38 万 m^3，田间工程计量点计量水量为 291.04 万 m^3。干支管工程（含泵站，下同）固定资产为 1999.09 万元。

（1）国有干支管工程成本费用。供水成本费用包括材料费（电费）、管理费用、配水员劳务费用、维修养护费用、折旧等。

材料费：提水电费 58.21 万元，单方提水电费 0.18 元。

管理费用：参考《农业综合改革试点末级渠系水价导则（试行）》规定："农民用水合作社的日常管理人员原则上应控制在 5 人以下，灌溉面积在 5000 亩以下的，应控制在 3 人以下"。恨虎坝中型灌区灌溉面积为 1.008 万亩，农村人口 6721 人。设置管理人员 2 人，结合当地实际情况，日常管理人员按照每人每月 500 元的工资计算。

管理费用＝2×500×12＝1.2（万元）。

配水员劳务费用：参考《大中型灌区末级渠系水价测算导则（试行）》"供水期内聘用的配水人员劳务费用可按当地农村劳动力价格和配水员工作量合理确定。"高效节水灌片面积为 1.008 万亩，配水员按 2 人计，灌区年均灌溉次数 5 次，灌水周期 10d，年计 50d。按当地经济情况和季节工雇工工资水平，每个配水员灌溉劳务费每人每天应在 144 元左右。

配水员劳务费用＝配水员劳务费用×年均灌溉次数×灌溉天数×配水

员人数＝144×5×10×2＝1.44（万元）。

维修养护费用：参考《大中型灌区末级渠系水价测算导则（试行）》“维修养护费用按农民用水合作社所管理的末级渠系固定资产的一定比例确定，一般控制在1.0%～1.5%的范围内。试点项目区的固定资产总额，是指本次末级渠系工程改造所形成的全部固定资产。”高效节水灌片维修养护费按固定资产（1999.09万元）价值的1%计算。

维修养护费＝1999.09×1%＝19.99（万元）。

折旧：根据《水利工程管理单位固定资产折旧年限表》，按折旧年限20年计算。

折旧＝固定资产×每年基本折旧率＝1999.09×(1/20)＝99.95（万元）。

（2）国有干支管工程水价。

成本费用＝材料费＋管理费用＋配水员劳务费用＋维修养护费用＋折旧＝180.79（万元）。

运行费用＝材料费＋管理费用＋配水员劳务费用＋维修养护费用＝80.84（万元）。

成本水价＝成本费用÷计量点水量＝180.79÷291.04＝0.62（元/m^3）。

运行水价＝运行费用÷计量点水量＝80.84÷291.04＝0.28（元/m^3）。

小贴士

成本水价为计入国有干支管的工程折旧，运行水价为不计国有干支管的工程折旧。本项目充分考虑用水户的承受能力，国有干支管工程水价按运行水价测算。

（二）测算田间工程供水水价

根虎坝灌区的高效节水灌片需水量为323.38万m^3，计量点水量为291.04万m^3。田间工程全部为社会资本投入，投资金额为646万元。

1. 高效节水灌片田间工程供水成本费用

高效节水灌片田间工程供水成本费用包括管理费用、配水员劳务费用、维修养护费用、折旧、分红等。

管理费用：参考《农业综合改革试点末级渠系水价导则（试行）》规定："农民用水合作社的日常管理人员原则上应控制在5人以下，灌溉面积在5000亩以下的，应控制在3人以下"。根虎坝中型灌区灌溉面积为1.008万亩，农村人口6721人。设置管理人员3人，结合当地实际情况，日常管理人员按照每人每月500元的工资计算。此外，公司运营需要管理费3万元。

管理费用＝3×500×12＋3＝4.8（万元）。

配水员劳务费用：参考《大中型灌区末级渠系水价测算导则（试行）》"供水期内聘用的配水人员劳务费用可按当地农村劳动力价格和配水员工作量合理确定。"配水员按6人计，灌区年均灌溉次数5次，灌水周期10天，年计50天。按当地经济情况和季节性雇工的工资水平，每个配水员灌溉劳务费每人每天应在144元左右。

配水员劳务费用＝配水员劳务费用×年均灌溉次数×灌溉天数×配水员人数＝144×5×10×6＝4.32（万元）。

维修养护费用：参照《大中型灌区末级渠系水价测算导则（试行）》"维修养护费用按农民用水合作社所管理的田间工程固定资产的一定比例确定，一般控制在1.0％～1.5％的范围内。试点项目区的固定资产总额，是指本次田间工程改造所形成的全部固定资产。"高效节水灌片维修养护费按社会资本（646万元）的1％计算。

维修养护费＝646×1％＝6.46（万元）。

折旧：根据《水利工程管理单位固定资产折旧年限表》，按折旧年限20年计算。

社会资本折旧＝固定资产×每年基本折旧率＝646×（1/20）＝32.29（万元）。

分红：高效节水灌片引入社会资本646万元，参考商业银行的贷款利率6.8％，上浮3个百分点，确定9.8％为社会资本收益率。

分红＝社会资本×利率＝646×9.8％＝63.29（万元）。

2. 田间工程水价

高效节水灌片田间工程农业供水成本费用＝管理费用＋配水员劳务费

用＋维修养护费用＋折旧＋付息费＝111.17（万元）。

成本水价＝高效节水灌片田间工程农业供水成本费用÷高效节水灌片终端计量点水量＝111.17÷291.04＝0.38（元/m^3）。

小贴士

本项目要考虑社会资本投入田间工程建设后的稳定的投资收益和合理回报。因此，田间工程水价计入工程折旧进行测算，田间工程水价为成本水价。

（三）测算终端供水水价

1. 成本水价

成本水价＝国有水库工程成本水价＋国有干支管工程成本水价＋田间工程成本水价＝0.25÷0.9＋0.62＋0.38＝1.28（元/m^3）。

2. 运行水价

运行水价＝国有水库工程运行水价＋国有干支管工程运行水价＋田间工程成本水价＝0.12÷0.9＋0.28＋0.38＝0.79（元/m^3）（表2.5）。

小贴士

成本水价为计入国有工程折旧后的水价。运行水价为不计国有工程折旧的水价。

（四）合理确定执行水价

根据成本测算、工程实际及用水户承受能力与支付意愿，合理确定项目实施不同阶段的执行水价。

水库管理单位供水水价现状为0.04元/m^3，逐步调整至0.05～0.07元/m^3。在此基础上，加入国有干支管工程运行水价和田间工程的成本水价，决定执行水价为0.79元/m^3。

表 2.5 水价测算表

<table>
<tr><td rowspan="14">国有工程</td><td rowspan="3">原水（水库）</td><td rowspan="3">水价/（元/m^3）</td><td>成本水价</td><td>0.25</td></tr>
<tr><td>执行水价（2018年后）</td><td>0.07</td></tr>
<tr><td>执行水价（2015—2017年）</td><td>0.05</td></tr>
<tr><td rowspan="11">干支管</td><td colspan="2">供水量/万 m^3</td><td>323.38</td></tr>
<tr><td colspan="2">计量点计量水量/万 m^3</td><td>291.04</td></tr>
<tr><td colspan="2">固定资产/万元</td><td>1999.09</td></tr>
<tr><td rowspan="6">成本费用/万元</td><td>折旧</td><td>99.95</td></tr>
<tr><td>管理费</td><td>1.20</td></tr>
<tr><td>劳务费</td><td>1.44</td></tr>
<tr><td>维修养护费</td><td>19.99</td></tr>
<tr><td>电费</td><td>58.21</td></tr>
<tr><td>小计</td><td>180.79</td></tr>
<tr><td rowspan="2">水价/（元/m^3）</td><td>成本水价</td><td>0.62</td></tr>
<tr><td>运行水价</td><td>0.28</td></tr>
<tr><td colspan="2" rowspan="11">田间工程</td><td colspan="2">供水量/万 m^3</td><td>291.04</td></tr>
<tr><td rowspan="7">成本费用/万元</td><td>社会资本</td><td>645.86</td></tr>
<tr><td>管理费</td><td>4.80</td></tr>
<tr><td>劳务费</td><td>4.32</td></tr>
<tr><td>维修养护费</td><td>6.46</td></tr>
<tr><td>分红</td><td>63.29</td></tr>
<tr><td>折旧</td><td>32.29</td></tr>
<tr><td>小计</td><td>111.17</td></tr>
<tr><td rowspan="3">水价/（元/m^3）</td><td>田间工程成本水价</td><td>0.38</td></tr>
<tr><td>成本水价</td><td>1.28</td></tr>
<tr><td>执行水价</td><td>0.79</td></tr>
</table>

（五）实施流程图解

恨虎坝水价形成流程如图 2.4 所示。

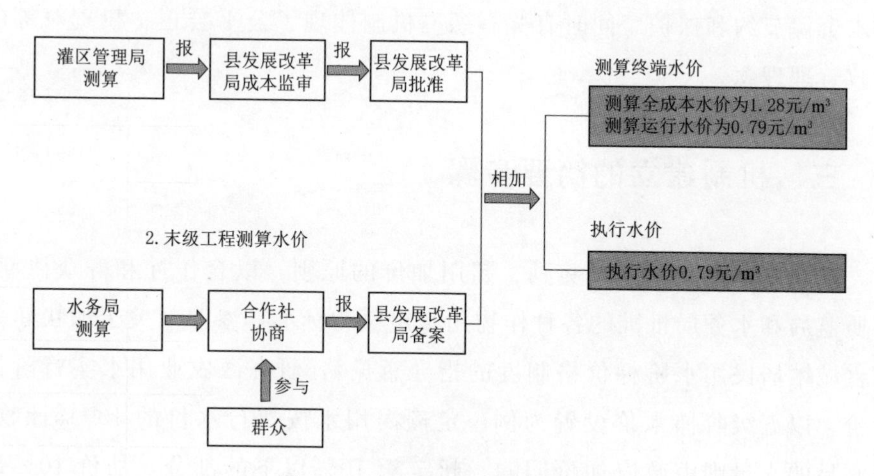

图 2.4　恨虎坝水价形成流程图

六、实施细则

根据上述分析，制订了《试点项目农业水价综合改革办法》，详见附录。

第三节　建立节水激励机制

一、定义

节水激励机制，就是以制订合理水价及用水定额为基础，根据用水户用水量的不同，实施相应的补偿或惩罚措施，以达到节约用水的一系列管理办法。

二、机制建立的目的和意义

节水激励机制的建立有利于培养群众水商品意识和节约用水意识，促进水资源节约和保护。同时有奖有惩的机制体现了公平公正、权责对等的行政管理理念。

三、机制建立的简要步骤

按照定额控制、节约奖励、超用加价的原则，以合作社和群众协商、县质监局和水务局批准的各种作物用水定额为标准，参照《关于加快建立完善城镇居民用水阶梯价格制度的指导意见》，研究区农业用水实行阶梯水价。以五级阶梯水价设置为例，定额内用水按执行水价的100%计收，未交易的水量则由政府加价回购。超定额10%以下的部分，加价10%计收；超定额10%～30%的部分，加价30%计收；超定额30%～50%的部分，加价50%计收；超定额50%以上的部分，加价100%计收。节水奖励基金来源于加价水费、计提土地出让收益金、高附加值作物或非农供水利润、各级财政安排的维护资金和社会捐赠等。

四、机制建立的基本流程

节水激励机制流程如图2.5所示。

五、以恨虎坝为例机制建立详解

（一）确定用水定额

依据云南省地方标准《用水定额》（DB 53/T 168—2013），结合陆良县实际，由县水务局、县发改局、小百户镇及农民用水合作社根据多年作物生长用水需求实际，对研究区农业灌溉用水定额进行认真测算，深入研

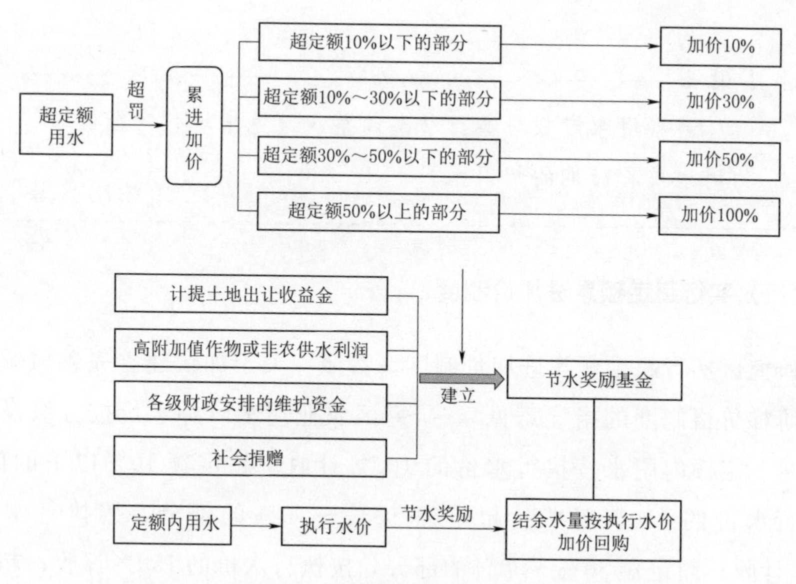

图 2.5 节水激励机制流程图

究，制订了试点项目区作物灌溉用水定额标准，并经县水务局、县质量技术监督局批复。批复的灌溉用水定额标准通过连续 2～3 年的跟踪试验对比，最终确定研究区作物灌溉用水定额标准（表 2.6）。

表 2.6 试点项目区作物灌溉用水定额标准 单位：m^3/亩

作物名称	云南省地方标准《用水定额》(DB 53/T 168—2013)		研究区修订后灌溉定额			
	$P=75\%$	灌溉方式	$P=75\%$	灌溉方式	$P=75\%$	灌溉方式
玉米	140～150	常规地面灌溉	50	常规地面灌溉	25	管灌
烤烟	110～120		92		40	
小麦	200～210		120		50	
夏洋芋	70～80		70		49	
秋洋芋	70～80		120		80	
冬洋芋	70～80		280		230	
蚕豆	180～190		126		75	
油菜	210～220		160		112	
萝卜	300～325		120		40	
冬蔬菜	240～260		220		154	
夏蔬菜			120		50	

小贴士

灌溉用水定额应实行动态调整，避免出现长时期的节约用水或长时期的超用水。

（二）实行超定额累进加价制度

研究区实行超定额累进加价制度。参照《关于加快建立完善城镇居民用水阶梯价格制度的指导意见》，研究区农业用水阶梯水价按五级设置阶梯水量。定额内用水按执行水价的100%计收。超定额10%以下的部分，按执行水价的110%计收；超定额10%～30%的部分，按执行水价的130%计收；超定额30%～50%的部分，按执行水价的150%计收；超定额50%以上的部分，按执行水价的200%计收。在灌区建成运行后的2015—2017年，水价逐步调整到位，2017年之后水价保持稳定。水资源费按云南省标准执行，累进加价根据各年的收费标准确定，详见表2.7。

表2.7　超定额用水累进加价价格表　单位：元/m^3

标准	水价标准			水资源费标准	实收水价		
	2015年	2016年	2017年		2015年	2016年	2017年
核定水价	0.66	0.72	0.79	—	0.66	0.72	0.79
超定额10%以下的部分	0.73	0.79	0.86	0.2	0.93	0.99	1.06
超定额10%～30%的部分	0.86	0.94	1.01	0.4	1.26	1.34	1.41
超定额30%～50%的部分	0.99	1.08	1.18	0.5	1.49	1.58	1.68
超定额50%及以上的部分	1.32	1.44	1.57	0.6	1.92	2.04	2.17

（三）健全节水奖励制度

陆良县人民政府对采取节水措施的用水户，按年度给予奖励。

1. 奖励资金来源

设立陆良县节水奖励基金，资金来源主要包括超定额累进加价收入、计提土地出让收益金、高附加值作物或非农供水利润、中央安排的维护资金、社会捐赠等。

2. 奖励方式

节水奖励专项资金主要用于对采取先进节水设备、节水措施等促进农业节水的农户进行奖励。具体奖励方式如下：

用水户在定额内已购买但未使用的水量指标，如未能成功交易转出，每年年底由公司在原购买价格基础上加价 0.05 元/m^3 进行奖励性回购。奖励部分资金从节水奖励专项资金列支。超定额购买但未使用的部分水量，仅退还相应部分水费，不予加价奖励。

（四）实施流程图解

恨虎坝节水激励机制流程如图 2.6 所示。

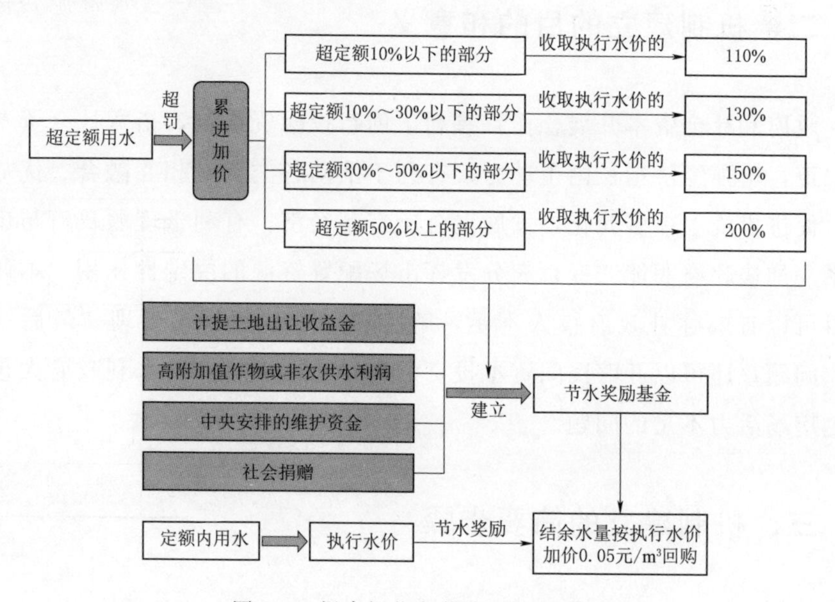

图 2.6　恨虎坝节水激励机制流程图

六、实施细则

根据上述分析，制订了《试点项目区超定额累进加价管理办法》《试点项目区节水奖励管理办法》，详见附录。

第四节　建立引入社会资本参与建设和运行机制

一、定义

社会资本参与建设和运行的机制，即政府和社会资本合作（PPP）的模式，其模式是政府为增强公共产品和服务供给能力、提高供给效率，通过特许经营、购买服务、股权合作等方式，与社会资本建立的利益共享、风险分担及长期合作关系。

二、机制建立的目的和意义

政府和社会资本开展合作，有利于创新投融资机制，拓宽社会资本投资渠道，增强经济增长内生动力；有利于推动各类资本相互融合、优势互补，促进投资主体多元化，发展混合所有制经济；有利于理顺政府与市场关系，加快政府职能转变，充分发挥市场配置资源的决定性作用。本研究项目可以有效弥补政府投入不足，解决农田水利建设和管理“最后一公里”问题；还可以开辟民间资本投资的新渠道，破解农田水利政府大包大揽、市场活力不足的问题。

三、机制建立的简要步骤

按照风险共担、利益共享、三方共赢的原则，以招商引资方式引入民间资本投资、建设、管理运行和维修养护田间工程。在招商引资过程中，依法采取招标投标的方式，择优确定投资经营主体。在与县人民政府签订投资协议后，投资主体可与研究区用水合作社组建项目运行管理公司，承担研究区田间工程的建设和运营管理，并拥有相应的产权和其他权益，县政府按投资协议与股份公司实现风险共担。

四、机制建立的基本流程

社会资本参与机制流程如图 2.7 所示。

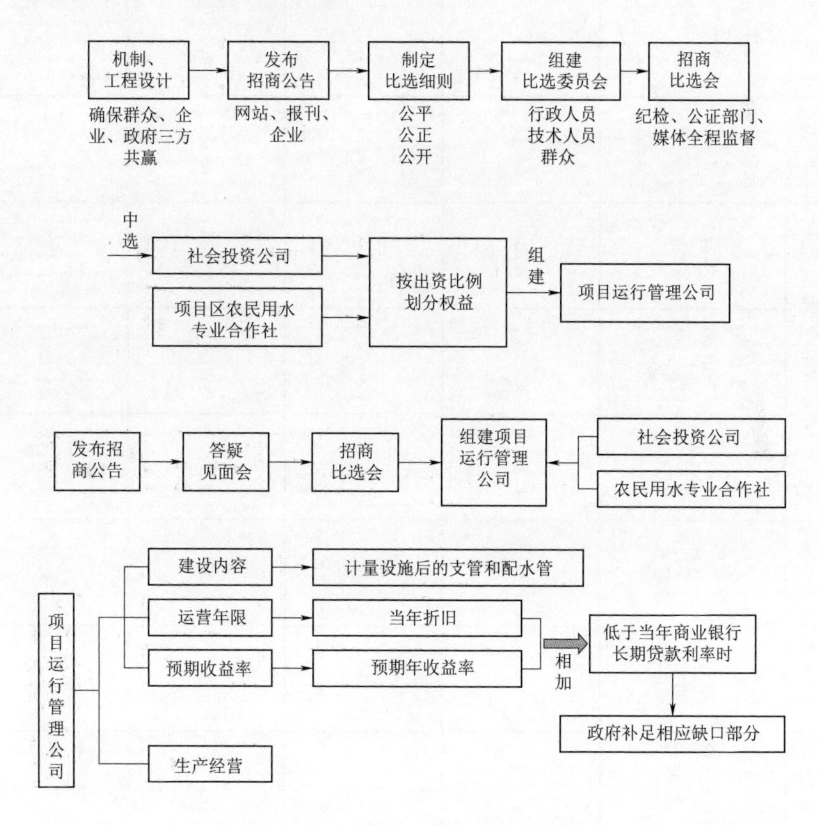

图 2.7　社会资本参与机制流程图

五、以恨虎坝为例机制建立详解

（一）测算社会资本投入比例

针对不同的投资方案测算出的水价，充分征求群众意见，充分考虑群众对水价的承受能力后，最终确定社会资本投入田间工程的比例（表 2.8），即方案 3：政府投资 2010.27 万元，占总投资的 74%；社会资本投

表 2.8　社会投资方案对比表

方案	总投资/万元				总投资/%		产品成本/万元			社会资本利润 9.8%/(元/m³)	成本水价/(元/m³)	运行水价/(元/m³)	备注
	总投资	政府投资	社会资本投资	群众自筹资金	政府投资	社会资本及群众投资	总成本	年基本折旧费(按20年折旧)	年运行费				
方案 1	2711.71	2169.37	542.34		80	20	42.6971	27.1171	15.58	53.15	1.23	0.74	只计社会资本折旧
方案 2	2711.71	1898.20	813.51		70	30	56.25565	40.67565	15.58	79.72	1.37	0.88	
方案 3	2711.71	2010.27	646.00	55.44	74	26	47.88	32.3	15.58	63.31	1.28	0.79	
方案 4	2711.71	1627.03	1084.68		60	40	69.8142	54.2342	15.58	106.30	1.50	1.02	

资（社会资本与群众按 7∶3 比例出资）646 万，占总投资的 24%；群众自筹资金 55.44 万元，占总投资的 2%。

小贴士

测算社会资本投资方案时，可将投资比例再细化，测算更多方案。征求群众意见后，投资方案还需反复调整，反复测算，从而确保群众满意、社会资本盈利。

（二）制订招商引资方案

1. 引进社会资本开展农田水利建设和管理运营的思路

投资企业和农民用水合作社合作成立公司负责投资建设、管理运营。面向全国公开发布招商公告，吸引投资企业（以下简称企业），企业与研究区为民农民用水合作社（以下简称合作社）共同依法成立有限公司（以下简称公司），负责田间工程投资、建设、经营和维护。水源、骨干工程、计量设施等由政府投资建设和管理，后续可以逐步委托公司管理维护。公司从水费分成及其他经营服务中获得报酬，政府负责协调、监管，并建立政府和公司风险共担机制。

2. 招商主体

陆良县人民政府。

3. 招商方式

在全国性媒体公开发布招商公告，通过竞争的方式吸引国内有实力、有意愿的企业投资。

4. 合作方式

按照企业 70%、合作社 30% 的比例共同投资成立有限公司，按照《公司法》依法成立并管理，双方按出资比例行使权利、承担义务。

5. 公司职责

（1）负责田间工程（概算为646万元）的投资、建设、运行管理和维修养护（项目运营期20年），确保工程持久良性运行。

（2）负责向用水户收取水费。

（3）在陆良县人民政府鼓励和支持下，公司在研究区拓展经营服务范围。

（4）公司应接受政府部门的监管，确保公司各方公平公正地行使权利和承担义务。

6. 政府职责

（1）负责建设灌区骨干工程及其计量设施，制订合理的水价标准；公平公正、依法依规为公司运营管理和拓展服务提供良好的政策支持；监督各方履行职责和义务，保障工程持久良性运行。

（2）鼓励和支持企业在本县域范围内复制推广投资建设和运营农田水利工程的模式。

（3）支持企业在研究区拓展经营服务范围。

（4）与企业共担风险。在枯水年和丰水年用水大幅减少、水费分成收入下降，导致企业当年资本收益和折旧之和低于其投资额7.8%时，陆良县人民政府补足相应缺口部分资金。

（5）积极推动项目区土地流转。土地流转中大户入驻的水价，在全成本水价1.2倍范围内，由供需双方协商确定。提高水价的相应收入，公司和根虎坝水库管理所按照5∶5分成。

（6）争取使企业依法享受有关税收优惠政策。

（7）加强对公司在投资、建设、运营过程中的监管。

7. 用水户责任

（1）按照规划设计的要求，自行购置、安装和维护节水灌溉设施。

（2）按规定足额缴纳水费。

（3）自觉保护灌溉设施。

(4) 遵守公司制订的用水管理制度。

8. 公司预期收益

在灌溉保证率85%的情况下，公司预期收益见表2.9。据表2.9分析，20年运行期公司可提分红与折旧累计为1911.80万元，年均资本收益率为9.80%。

表2.9　　公司预期收益分析表（$P=85\%$）

年度	执行水价/(元/m^3)	综合灌溉定额/(m^3/亩)	供水量/万m^3	计量水量/万m^3	水费收入/万元	公司成本/万元	实提分红折旧/万元	社会资本收益率/%
2015	0.66	273	275	247	163	15.58	80.90	7.53
2016	0.72	285	287	258	186	16.10	92.39	9.30
2017	0.79	297	299	269	213	16.65	96.58	9.95
2018	0.79	309	311	280	221	17.22	96.58	9.95
2019	0.79	321	323	291	230	17.82	96.58	9.95
2020	0.79	321	323	291	230	18.44	96.58	9.95
2021	0.79	321	323	291	230	19.10	96.58	9.95
2022	0.79	321	323	291	230	19.78	96.58	9.95
2023	0.79	321	323	291	230	20.49	96.58	9.95
2024	0.79	321	323	291	230	21.23	96.58	9.95
2025	0.79	321	323	291	230	22.01	96.58	9.95
2026	0.79	321	323	291	230	22.82	96.58	9.95
2027	0.79	321	323	291	230	23.67	96.58	9.95
2028	0.79	321	323	291	230	24.56	96.58	9.95
2029	0.79	321	323	291	230	25.49	96.58	9.95
2030	0.79	321	323	291	230	26.46	96.58	9.95
2031	0.79	321	323	291	230	27.49	96.58	9.95
2032	0.79	321	323	291	230	28.56	96.58	9.95
2033	0.79	321	323	291	230	29.69	96.58	9.95
2034	0.79	321	323	291	230	30.87	96.58	9.95
合计					4462	444.03	1911.80	9.80

注　公司成本包括管理费、劳务费和维护养护费。

除上述收益之外，可以逐步将国有水利工程的泵站和干支管委托公司管理，公司借此获取相关管护费，从而进一步增加收入。按照制度设计，如果土地流转中大户入驻，水费收入将会明显增长，公司收益也将有所增加。

9. 农户水费支出预测

开展项目试点前，近3年研究区农民亩均收入0.57万元，复种指数1.46，亩均水费支出210元，水费支出占收入的比例为3.7%。项目实施后，亩均年收入0.95万元，复种指数提高到1.94，水费支出221元，水费支出占收入的比例为2.3%，下降了1.4%。

10. 风险共担

在枯水年和丰水年用水大幅减少、水费收入大幅减少的情况下，投资企业当年资本收益和折旧之和低于其投资额7.8%时，陆良县人民政府补足相应缺口部分资金。

11. 产权归属

（1）确权发证：工程所有权归公司，工程建成验收合格后，陆良县人民政府颁发产权证。

（2）股权转让：工程投入使用3年后，股权可以转让，同等条件下优先转让给合作社。

（三）发布招商公告

1. 试点项目概况

试点项目区位于云南省曲靖市陆良县小百户镇，距离昆明市163km，距离陆良县城17km，距离小百户镇8km，交通便利。试点项目区所在地隶属小百户镇的炒铁村委会，直接受益的有2个自然村、3个村民小组，涉及农户542户，1983人。

试点项目区规划建设面积为1.008万亩，试点前主要种植作物为烤烟、洋芋、玉米等，复种指数为1.46，现状需水量277.77万m^3。逐年推进种植结构调整，以种植烤烟、洋芋、蔬菜等高附加值的经济作物为主。规划年复种指数提高到 1.94，灌溉需水量 323.38 万 m^3，全部建成微喷灌设施。

试点项目区供水水源工程为恨虎坝水库、老恨虎坝水库。其中：恨虎坝水库为骨干水源工程，该工程于 2012 年 12 月底建成，总库容 807 万 m^3，兴利库容 519 万 m^3。

为了解决恨虎坝中型灌区樟柏灌片、硝洞灌片农业灌溉，陆良县政府正在建设配套的泵站、供水主管、干管、分干管及其计量设施等。

2. 招商内容

招商引进的投资人必须以 7：3 的投资比例与试点项目区为民农民用水合作社共同投资组建新的公司，负责以下投资建设和经营管理活动：

（1）投资建设工程内容。本次招商内容为投资建设试点项目区田间工程，总投资 646 万元。主要建设以下内容：①铺设管径 75mm 的 80 级 PE 管；②配套建设闸阀等设施。田间工程应在 2015 年 3 月 10 日之前完工。

（2）运行管理。组建后的新公司负责灌溉工程管网及其附属设施的维修、养护和运营，为农户提供及时可靠的灌溉服务；按计量水量及水价标准，向农户收取水费；按规定向恨虎坝水库管理所缴纳原水费和电费。试点项目运营期 20 年。

3. 招商政策

（1）陆良县人民政府负责建设灌区骨干工程及其计量设施，制订合理的水价标准；公平公正、依法依规为公司运营管理和拓展服务提供良好的政策支持；监督各方履行职责和义务，保障工程持久良性运行。

（2）陆良县人民政府鼓励和支持投资企业在本县域范围内复制推广投资建设和运营农田水利工程的模式。

（3）陆良县人民政府支持投资企业在试点项目区拓展经营服务范围。

（4）政府与投资企业共担风险。在枯水年和丰水年用水大幅减少、水费收入大幅减少的情况下，投资企业当年资本收益和折旧之和低于其投资额 7.8％时，陆良县人民政府补足相应缺口部分资金。

（5）政府积极推动试点项目区土地流转。土地流转、大户入驻的水价，在全成本水价1.2倍范围内，由供需双方协商确定。提高水价的相应收入，公司和恨虎坝水库管理所按照5：5分成。

（6）投资企业依法享受有关税收优惠政策。

4. 项目收益预测

2015年、2016年、2017年（及以后）试点项目区执行水价分别为0.66元/m^3、0.72元/m^3、0.79元/m^3。在运行年限20年、灌溉保证率85%的情况下，初步预测年均投资回报率9.8%。

5. 产权归属与转让

（1）确权发证。工程所有权归公司，工程建成验收合格后，陆良县人民政府颁发产权证。

（2）股权转让。工程投入使用3年后，股权可以转让。

6. 投资人资格条件

（1）具有独立法人资格。

（2）具备筹集本项目所需资金能力。企业近3年内年度净资产1000万元以上，年度最低营业收入1000万元以上，银行信用等级A级及以上，企业近3年财务报表连续盈利，并经过审计。

（3）具有良好的企业信誉，积极履行社会责任，没有处于被责令停产，财产被冻结、接管、破产状态，法定代表人近5年内无行贿犯罪记录（投资人应自行到企业所在地或项目所在地检察机关查询，查询结果在递交竞争比选文件时提交）。

（4）本项目不接受联合体投资。

（四）召开招商推介会

由陆良县政府组织省域范围内有实力的企业，召开招商推介会。招商推介会主要包括组织企业现场踏勘，介绍项目情况，企业代表针对项目内容提出问题，陆良县政府梳理相关问题，召开会议进行问题答疑。

（五）制订评分办法

1. 招商领导小组组成

县政府、招商局、发改局、水务局、监察局、审计局、小百户镇政府等。

2. 评分委员会组成

招商人组建评分委员会，评分委员会成员由陆良县政府领导及相关部门3人，专家2人，小百户镇政府1人，合作社和村民代表3人，共9人组成。

3. 评分标准

序号	评分因素	分值	评分标准
1	企业实力及信誉	30	（1）企业近3年年度最低净资产，分值7分 1000万～2000万元得5分，2000万～3000万元得6分，3000万元及以上得7分。 （2）企业近3年经营状况，分值7分 年度最低营业收入：1000万～2000万元得5分，2000万～5000万元得6分，5000万元及以上得7分。 （3）企业银行信用等级，分值8分 A级得4分，AA级得6分，AAA级得8分。 （4）企业信誉，分值6分 获得质量管理体系认证得1分，获得职业健康安全管理体系认证得1分，获得环境管理体系认证得1分，拥有国家工商总局认定的驰名商标得1分，获得省级以上政府颁发的质量奖得2分。 （5）企业履行社会职责，分值2分 参与社会公益捐赠，近3年捐赠额达到30万～50万元得1分，50万元以上得2分
2	类似项目的经验和业绩	5	（1）有水利工程建设经验和业绩的，分值1分 有1～3项业绩得0.5分，有4项及以上业绩得1分，无此项业绩得0分。 （2）有水利工程管理经验和业绩的，分值2分 有1项业绩得0.5分，有2～3项以上业绩得1分，有4项及以上业绩得2分，无此项业绩得0分。 （3）有农业产业化经营经验和业绩的，分值2分 有1项业绩得0.5分，有1～3项以上业绩得1分，有4项及以上业绩得2分，无此项业绩得0分

续表

序号	评分因素	分值	评　分　标　准
3	建设方案	10	（1）技术方案和施工组织，分值3分 方案编制符合招商文件要求0.5分，无漏项缺项0.5分，表述准确0.5分，施工布局科学合理0.5分，措施具体可行0.5分，满足施工要求0.5分。 （2）资源投入计划，分值2分 资金投入计划合理1分，人员配置合理0.5分，设备齐全、配置合理0.5分。 （3）质量控制措施，分值2分 配置检测设备0.5分，落实检测人员0.5分，控制制度完善1分。 （4）进度控制措施，分值2分 有进度计划图表0.5分，图表编制规范0.5分，关键线路明确、施工排班合理0.5分，保障措施到位0.5分。 （5）安全保障措施，分值1分 安全人员配备到位0.5分，安全生产制度齐全0.5分
4	运营方案	40	（1）公司组建方案，分值5分 公司框架清晰1分，机构健全1分，责权利明确1分，人员配置合理1分，制度健全1分。 （2）工程建后管理、运行、维护方案，分值13分 工程运行管理办法完善2分，管理责任明确、落实到位2分，运行调度合理1分，制定用水计划及时、合理1分，操作规程健全1分，有应急预案1分，应急预案可操作1分，巡查方案1分，工程日常检修方案1分，大修方案1分，维护经费明确1分。 （3）财务管理方案，分值5分 财务制度健全2分，财务人员配置合理1分，财务预算合理1分，定期公示收支情况1分。 （4）水费计收与管理方案，分值5分 收费人员配备合理1分，收费服务便利、快捷1分，计量、计费准确1分，及时足额缴纳原水费1分，足额预留管理维护费1分。 （5）对农户的服务，分值4分 服务周全1分，服务及时1分，服务到位1分，公示承诺1分。 （6）经营服务拓展方案，分值8分 有经营拓展方案2分，拓展方向明确1分，公司发展前景良好1分，拓展措施具体可行1分，业务符合当地实际1分，能带动产业化发展1分，带动群众增收显著1分

续表

序号	评分因素	分值	评 分 标 准
5	财务分析	10	(1) 管护人员支出，分值1分 分析合理得1分，一般得0.5分，不合理得0分。 (2) 运行维护支出，分值2分 分析合理得2分，一般得1分，不合理得0分。 (3) 资金管理，分值3分 分析合理得3分，一般得1～2分，不合理得0分。 (4) 风险防控，分值4分 分析较好得4分，一般得2分，不合理得0分
6	竞争比选现场陈述及答疑	5	现场陈述及答疑，分值5分 表述清楚，思路清晰，目标明确，措施可行，答疑准确得4～5分； 表述清楚，思路清晰，目标基本明确，措施基本到位，答疑基本准确得2～3分； 表述不清楚，思路不清晰，目标不明确，措施不到位，答疑偏题得0分

4. 评分办法

本次评分采用综合评估法，各评委根据投资申请人的企业实力及信誉、类似项目的经验和业绩、建设方案、运营方案、财务分析、竞争比选现场陈述及答疑等6个方面集中商议，按照少数服从多数的原则，依据评分标准逐项打分，按投资申请人总得分由高到低顺序推荐投资候选人名单。

5. 相关说明

(1) 评分过程全程邀请监察部门、审计部门参与监督。

(2) 最终确定的投资人与陆良县人民政府签订投资协议书。

(3) 评分委员会推荐投资候选人，并标明排列顺序。招商人依据评分委员会推荐的投资候选人确定投资人。排名第一的投资候选人放弃投资、因不可抗力提出不能履行协议，或者招商文件规定应当提交履约保证金而在规定的期限内未能提交，或者被查实存在影响中选结果的违法行为等情形，不符合中选条件的，招商人可以按照评分委员会提出的投资候选人名单排序依次确定其他投资候选人为投资人。

（六）召开招商竞争比选会议

对投资人递交的竞争比选文件，在公证人员、监督人员的现场公证、监督下，按招商文件的规定进行比选。

1. 组建比选委员会

由招商人负责组建比选委员会，比选委员会共设9名成员，由陆良县人民政府1名、相关部门3名、专家2名、合作社和村民代表3名组成。由主持人宣读《比选委员会管理办法》，并由工作人员暂管比选委员会成员的通信工具。

2. 比选过程

整个比选过程由陆良县监察局、陆良县公证处进行全过程的监督。整个比选过程从2014年11月27日9：00时开始，2014年11月27日16：30时结束。比选过程中，比选委员会依据招商文件载明的比选程序和比选办法对本项目进行比选评审。

（1）投资人的现场陈述。投资人按现场抽取的陈述顺序逐家进行陈述，比选委员会进行认真地听取。

（2）审查竞争比选文件。比选委员会在主任主持下根据招商公告中的投资人资格要求及招商文件中的实质性要求审查投资人的竞争比选文件，在审查过程中将相关问题提交全体成员集中讨论。比选委员会主任梳理和集中投资人竞争比选文件中的有关问题。

（3）现场提问及答疑。比选委员会主任按照现场陈述的顺序对投资人进行提问，投资人应对比选委员会主任提出的问题进行答疑。

（4）比选及评分。比选委员会根据招商文件载明的比选标准及方法从企业实力及信誉、类似项目的经验和业绩、建设方案、运营方案、财务分析、竞争比选现场陈述及答疑6大项评分因素对投资人的竞争比选文件进行比选及评分，每个比选委员均进行记名打分。

3. 投资人得分及中选投资人

投资人得分为 9 名比选委员的评分去掉一个最高和一个最低分后的算术平均值，按得分高低确定中选投资人。

（七）实施流程图解

恨虎坝民资参与建设和运行流程如图 2.8 所示。

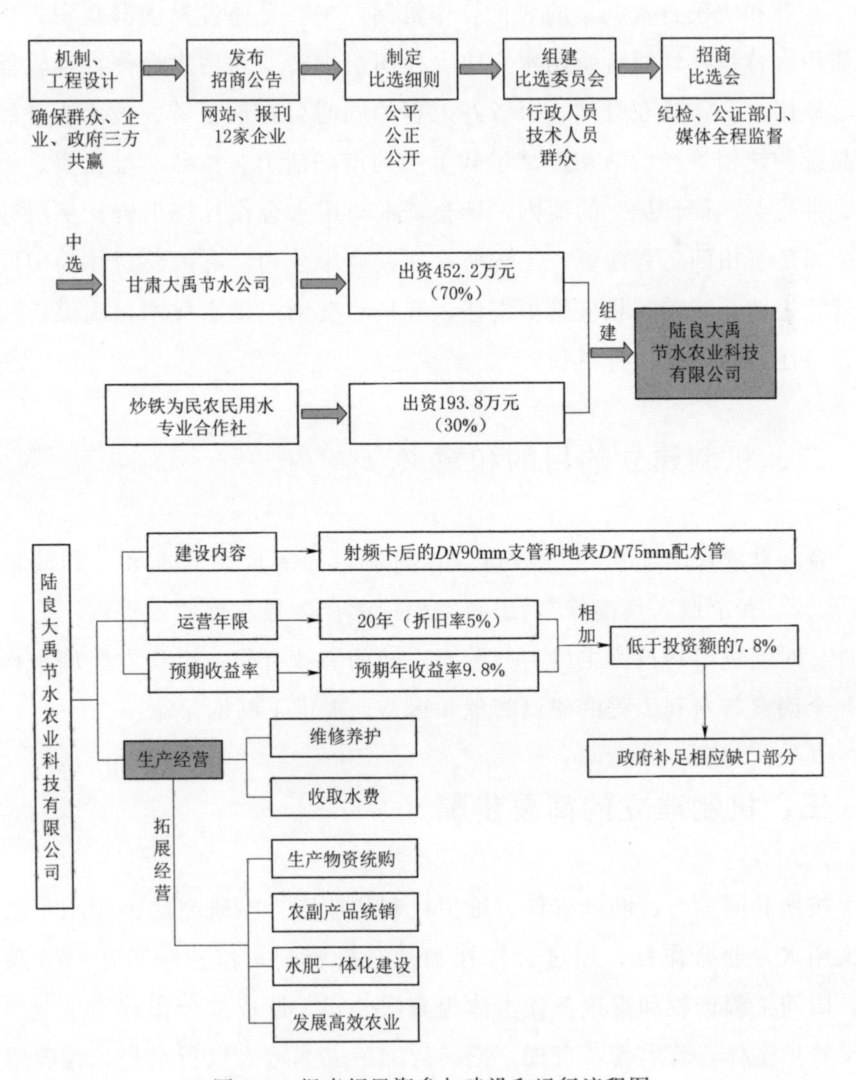

图 2.8 恨虎坝民资参与建设和运行流程图

第五节　建立企业和农民合资共享的股份合作机制

一、定义

企业和农民合资共享的股份合作机制，主要是通过发动群众积极参与组建用水合作社，将传统用水户协会社团组织转变为用水合作社经营性组织，使用水合作社在管理、服务好工程的同时可拓展投资、技术服务、农产品统购统销等经营活动，赋予其更强的市场活力。按照“谁投资、谁所有、谁受益、谁管护”的原则，社会资本与用水合作社按出资比例组建有限公司负责田间工程建设，工程所有权归有限公司。有限公司作为田间工程管护主体，明确其相应管护责任，管护经费纳入供水成本，确保田间工程管得住、管得好、管得长。

二、机制建立的目的和意义

企业和农民合资共享的股份合作机制，为实现田间水利工程建成后“有人管、费能收、坏能修”，田间工程持续长久地发挥效益提供了有利的条件，对促进市场投资主体与分散农户间的有效合作，组建农民用水合作社并全面参与水利工程的建设管理和运营，提供了制度保障。

三、机制建立的简要步骤

按照共同参与、明确责任、维护权利的原则，在研究区由用水户组建农民用水专业合作社，通过合作社和社会投资公司组建项目运行管理公司，田间工程产权和管理责任主体为有限公司，形成“合作社＋企业”的建设管护主体，落实管护责任。把运行维护成本摊入执行水价，在收取的水费中列支。公司根据有限公司章程、协议等，以用水户为主要服务对象，为用水户提供用水服务、水利工程建设管理和维修养护、农业灌溉服务、商议水价、计收水费、推广应用先进灌水方法和节水技术等。

四、机制建立的基本流程

企业和农民合资共享的股份合作机制如图 2.9 所示。

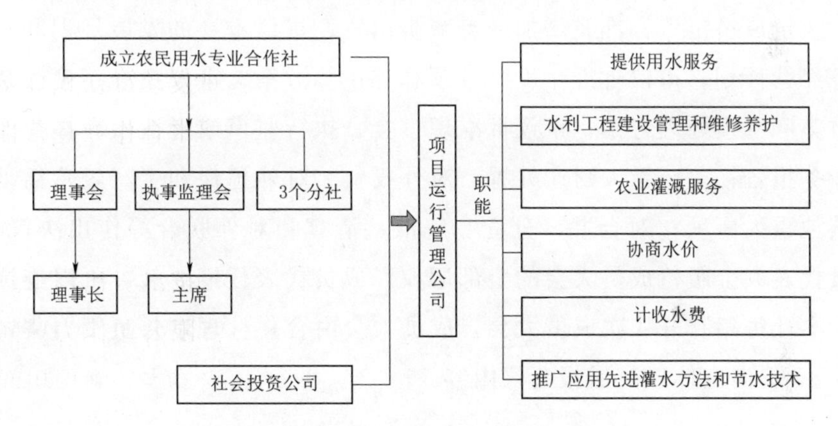

图 2.9　企业和农民合资共享的股份合作机制

五、以恨虎坝为例机制建立详解

（一）组建合作社

根据《中华人民共和国合作社法》，在炒铁村委会成立“陆良县炒铁为民用水合作社”。合作社与投资企业按 3∶7 出资比例共同出资成立有限公司，参与研究区田间工程投资、建设管理、工程维修养护、灌溉服务、计收水费等。

1. 农户基本情况登记

核对研究区用水户，合作社制订会员登记表和入会申请表。登记表的内容应包括户主姓名、家庭人口、农业劳动力、耕种面积、作物种植比例、灌溉面积、对灌溉供水和灌溉服务的意见和建议。然后动员用水户填写会员登记表和入会申请表。

2. 召开合作社代表大会

审议通过合作社章程和各项规章制度；审议、修改本社章程和各项规章制度；确定合作社内部组织结构；选举和罢免理事长、理事、执行监事或者监事会成员；决定成员入社、退社、继承、除名、奖励、处分等事项；决定成员出资标准及增加或者减少出资；审议本社的发展规划和年度业务经营计划；审议批准年度财务预算和决算方案；审议批准年度盈余分配方案和亏损处理方案；审议批准理事会、执行监事或者监事会提交的年度业务报告；决定重大财产处置、对外投资、对外担保和生产经营活动中的其他重大事项；对合并、分立、解散、清算和对外联合等作出决议等。成员代表大会履行成员大会的全部职权。成员代表任期 3 年，可以连选连任。本社每年召开 4 次成员大会，成员大会由合作社理事长负责召集，并提前 15 日向全体成员通报会议内容。

3. 合作社注册登记

完成合作社的组建工作后，到县工商部门进行登记注册。由全体设立人指定的代表或者委托的代理人向当地工商部门提交以下材料：①设立登记申请书；②全体设立人签名、盖章的设立大会纪要；③全体设立人签名、盖章的章程；④法定代表人、理事的任职文件和身份证明；⑤载明成员的姓名或者名称、出资方式、出资额以及成员出资总额，并经全体出资成员签名、盖章予以确认的出资清单；⑥载明成员的姓名或者名称、公民身份号码或者登记证书号码和住所的成员名册，以及成员身份证明；⑦能够证明农民专业合作社对其住所享有使用权的住所使用证明；⑧全体设立人指定代表或者委托代理人的证明等材料。经县工商部门的审核批准后，核发营业执照，成为具有完全民事行为能力的法人，为日后合作社的顺利运行奠定基础。

4. 开设银行账户

合作社在完善组织机构和申领营业执照后，按照相关要求向商业银行县支行申请开设合作社专用账户，用于合作社资金结算，对水费实行专户管理。建章立制，建立健全水费收缴使用管理办法，明确水费的用途，并接受审计、财政、发改、水利等部门的监督。

5. 制度建设

为保护社员的合法权益，增加成员收入，促进发展，依照《中华人民共和国农民专业合作社法》和有关法律、法规、政策，制订《合作社章程》，明确合作社职责和管护范围等；制订《合作社的内部管理制度》，分别明确理事会、理事长、财务管理、会计员、出纳员的职责，建立合作社资金管理及开支审批制度、社务公开制度、档案管理制度、社员管理制度、决算分配制度、组织活动制度、岗位目标考核制度、民主理财和财务公开制度、社员入股退社制度、会计档案管理制度等多项制度，促使合作社规范化运行；制订《合作社财务管理办法（试行）》，加强合作社的财务管理和会计核算，保障合作社及社员的合法权益。

6. 能力建设

保证合作社有适宜的办公场所是合作社成立必不可少的基础条件，根据农民专业合作社注册成立的要求，结合当地的实际情况，从简便、经济、满足运行管理基本需要的原则出发，用水合作社的硬件设施建设内容见表2.10。

表2.10　　合作社的硬件设施建设内容表

合作社名称	办公房面积/m^2	办公桌椅/套	档案柜/套	电脑/台	热水器/台
陆良县炒铁村为民农民用水合作社	180	3	3	3	1

注　上述建设费用由县财政统筹解决。

7. 人员培训

政府及有关部门加强对用水合作社的指导和扶持，做好用水合作社的组织培训工作。采取多种方式，分层次分阶段对用水合作社成员、管水员、用水户等进行培训，切实提高农户参与管理的意识和能力，提高用水合作社工作人员的政治思想水平和业务技术本领。对用水合作社负责人员进行综合培训，主要包括：灌溉业务培训、服务观念教育培训、法制教育培训等。用水合作社负责人应当积极参加水行政主管部门和灌区管理单位内部组织的政策、技术及业务知识培训，提高业务水平和综合素质。同时组织分社交流学习，取长补短，使社员具有田间工程使用、维护和管理的能力，了解并运用相关政策法规的能力。对农民用水户的培训应采用灵活多样、适合农民的方法，将知识普及与意识宣传结合起来，可以由能力强的分社社长培训其他分社，起到示范作用。

（二）合作社的机构设置

陆良县炒铁为民用水合作社内部设置理事会、执事监理会和 3 个分社。

合作社设理事会，为社员代表大会的执行机构，在闭会期间领导本合作社开展日常工作，对社员大会负责。理事会由 6 名社员组成，设理事长 1 人、副理事长 2 人。理事会成员任期与村“三委”成员任期一致，可连选连任。

合作社设执行监事会，代表全体成员监督检查理事会和工作人员的工作。执行监事会选举产生监事会主席 1 人，成员 2 人。

合作社在 3 个自然村分别设立合作分社，作为合作社的分支机构，执行合作社制订的各项规章制度和安排的各项工作。在炒铁村设第 1 分社、章伯村设第 2 分社、硝洞村设第 3 分社，共有社员 14 人。每个分社在管辖范围内聘请有威望的村民作为管理员，对田间工程、水利工程进行管护，共聘请 3 名管理员，炒铁村、樟柏村、硝洞村各 1 名，从事工程设施维护管理。

（三）合作社的主要职能

合作社以社员为主要服务对象，依法为社员提供用水服务，接受委托提供水费计收服务，水利工程维修养护、建设，田间道路维护，农村水环境维护、水利工程建设经营，农业灌溉及农用物资的代购，农产品的销售、运输、储藏以及与农业生产经营有关的技术、信息等服务。

（四）田间工程建设

按照“谁投资、谁所有”的原则，通过招商引入社会资本与农民用水合作社成立有限公司，负责田间工程建设与管理。县水利部门提供技术支撑和服务。

（五）落实工程产权主体

按照“谁投资、谁所有”的原则，由公司新建形成的田间工程所有权归公司。工程所有权明晰后，由县水务局进行登记造册备案，并向产权人颁发产权证书，注明工程类型、用途、受益范围、权利义务等。

（六）明晰管护主体和责任

由公司授权或委托合作社按照公司内部章程和制度进行管理。合作社根据工程规模，落实工程管理和维修养护责任。对分社内工程交由分社管理和维修养护，对跨分社工程由合作社直接管理。为确保工程良性运行，保证管护责任落实到位，合作社内部应建立相应的监督奖惩制度，同时公司应每年对合作社的管护情况进行监督考核。

（七）落实管护经费

管护经费纳入供水成本，从水费分成中列支，具体标准、支付方式、考核办法等，由公司与合作社协商确定。

（八）制订管理办法

由县水务局会同县财政局、农民用水合作社、投资企业，编制《陆良县恨虎坝中型灌区创新机制示范项目田间工程建设与管护办法》，明确田间工程管护范围，确定工程管护主体及相关管理部门的职责，规范工程建设管理和运行管护的程序，明确工程运行维护经费的筹集、使用和管理办法。

（九）实施流程图解

恨虎坝企业和农民合资共享的股份合作流程如图 2.10 所示。

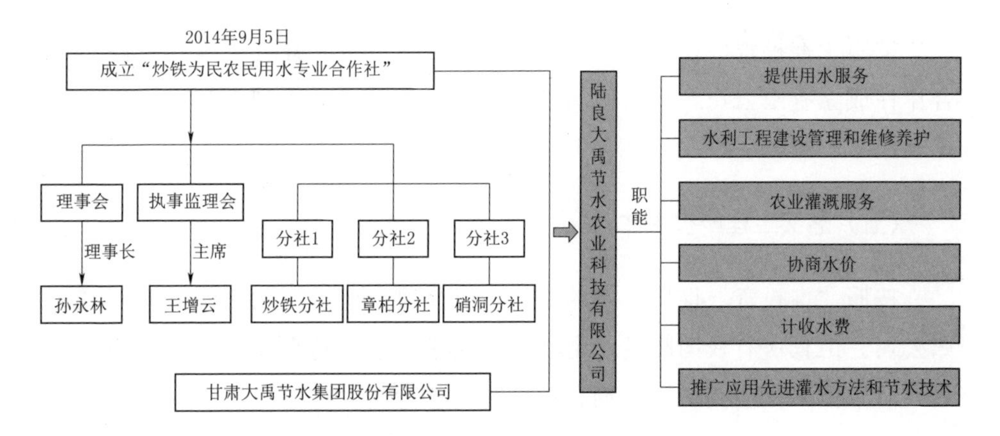

图 2.10 恨虎坝企业和农民合资共享的股份合作流程图

六、实施细则

根据上述分析，制订了《陆良县炒铁为民用水专业合作社章程》《恨虎坝中型灌区为民合作社财务管理办法（试行）》，详见附录。

第六节 建立可持续的国有工程建管机制

一、定义

本试点所指的国有工程，是指由政府财政资金投入（投资）建设的这部分工程。国有工程具有公益性的性质，一般来说，包括取水枢纽、输水主管、支管、计量设施和附属建筑物等工程。

二、机制建立的目的和意义

国有工程管理机制的建立，进一步明晰了国有工程产权和管理责任主体，明确了把运行管理费用足额分摊到运行成本水价，在收取的水费中落实，在达不到运行成本水价初期或供水量不足特殊年份由政府补贴运行维护费用，把过去政府全部出钱维护转变为少出钱、不出钱甚至盈余费用转为节水奖励基金。由于末端田间工程采取市场化管理模式，这将倒逼国有工程提升管理服务水平，从而有利于保障国有工程的长效运行。

三、机制建立的简要步骤

按照权责明确、管护到位、保证畅通的原则，形成新建国有工程建设与运行管理机制。项目投资由各级财政投资、企业投资和群众自筹组成，泵站等取水枢纽工程、输水主干管、支管及其附属计量设施等属于国有工程管理范围，国有工程产权归水行政管理部门所有，其使用权和经营权可委托社会企业管理或自行管理；运行管理人员按《水利工程管理单位定岗标准（试点）》等有关政策法规、标准确定，负责取水、输配水工程的日常运行及检修维护，计量设施的检测、校准和管护。工程运行管理经费列入供水成本。

四、机制建立的基本流程

项目国有工程建管机制流程如图 2.11 所示。

五、以恨虎坝为例机制建立详解

（一）国有工程建设

按照政府主导、市场运作的原则，形成新建国有工程建设与运行管理

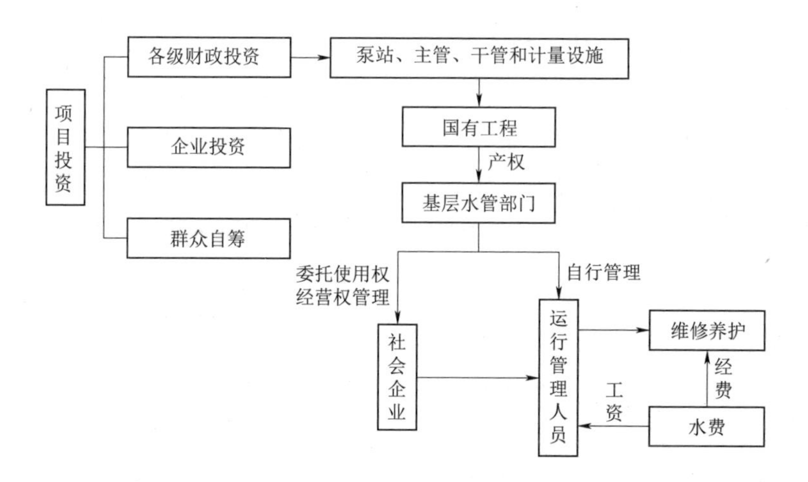

图 2.11 项目国有工程建管机制流程图

机制。新建国有工程包括恨虎坝中型灌区新建的主管、支管及其附属泵站和计量设施。国有工程建设由政府投资，陆良县水务局组建项目法人实施，严格执行国家基本建设管理有关规定。

（二）国有工程建后管理

建成后的国有工程由陆良县灌区管理局恨虎坝水库管理所负责管理。国有工程管理单位负责国有工程及项目区取水和用水的统一管理和保护，工程供水计划编制、供水和配水调度。根据《水利工程管理单位定岗标准（试点）》等有关政策法规、标准，确定管理单位职责，并对新建国有工程进行定岗定员测算和管理费用测算，运行管理费用计入供水成本，大修及折旧费由政府实行精准补贴。

（三）落实国有工程管理人员和经费

依据《水利工程管理单位定岗标准（试点）》等有关政策法规、标准，对研究区新增国有工程进行定岗定员测算和管理费用测算。研究区新增国有工程包括恨虎坝中型灌区新建的主管、支管及其附属泵站和计量设施，由恨虎坝水库管理所负责管理。根据《水利工程管理单位定岗标准（试点）》，初步确定运行管理人员 2 人，配水人员 2 人，人员职责包括：泵站的运行维护，主管和支管的检修维护，计量设施的检测、校准和管护。工程运行管理经费包括聘用人员工资、工程运行维护费用与电费，共计80.84万元，列入供水成本。

（四）保障国有工程供水

国有工程向研究区供水，实行计划用水、节约用水、定额管理。

（五）实施流程图解

恨虎坝国有工程建管流程如图2.12所示。

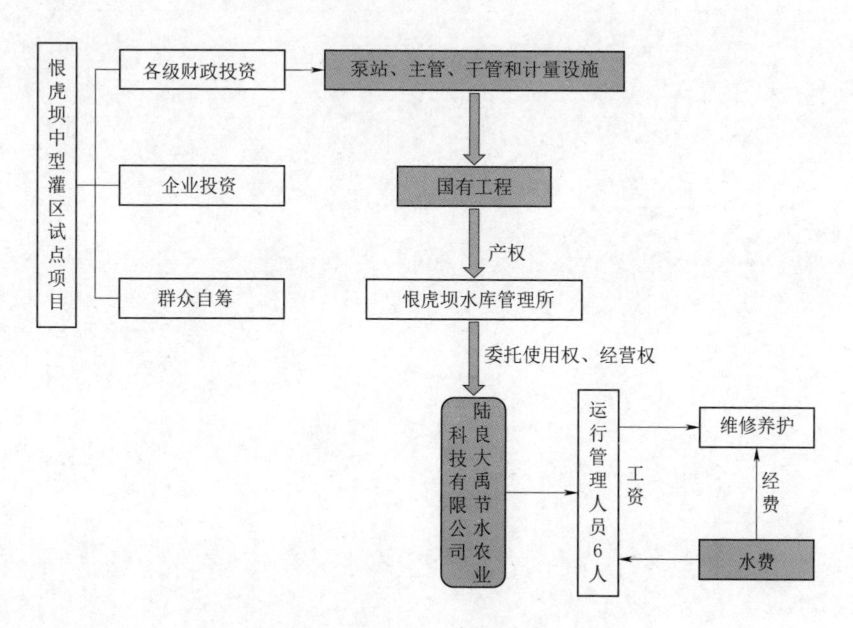

图2.12　恨虎坝国有工程建管流程图

小贴士

考虑用水户的承受能力，在确定测算合理水价并最终确定为执行水价过程中，国有工程不考虑大修和工程折旧。当国有工程发生大修时，按照农业水价综合改革政策要求，政府将对运行管理单位实施精准补贴。

六、实施细则

根据上述分析，制订了《试点项目国有工程建设与运行管理办法》《试点项目田间工程管护办法》，详见附录。

第三章

工　程　建　设

本次机制改革试点的工程建设方案在符合工程设计的一般性要求外，还要配合前期建立的机制运行的要求，工程的设计与布置需要兼顾经济合理性与后期的运行管理实用性。在工程建设过程，形成 4 项创新技术，分别为山丘区水肥自动滴灌装置、地埋滴灌装置、大田用太阳能过滤系统、基于 ARM 单片机的滴灌专用灌溉控制系统。

第一节　工程总体布置

恨虎坝中型灌区位于陆良县西部的小百户镇，灌区中心位置距县城 17km、距小百户镇 8km。灌区总设计灌溉面积 2.25 万亩，共划分为 4 个相对独立的灌片，即炒铁村灌片、章柏村灌片、硝洞村灌片、后沟灌片。项目区设计灌溉面积 1.008 万亩，建设范围为恨虎坝中型灌区中的章柏村灌片、硝洞村灌片 2 个灌片。涉及炒铁村委会的章柏、硝洞 2 个自然村的 3 个村民小组。

从研究区地理位置、缺灌耕地分布、土壤、水源的现状以及配套渠系相互联系又相对独立的格局，项目区总体规划为 2 个相对独立的灌片灌溉体系，分别是章柏村灌片和硝洞村灌片。

研究区规划实施微灌高效节水技术措施，其中：章柏村灌片 5449 亩，硝洞村灌片 4631 亩，总面积 10080 亩。供水水源工程为恨虎坝水库（总库容 807 万 m^3），老恨虎坝水库坝头东侧恨虎坝首部泵站正在建设中，集中为章柏村灌片、硝洞村灌片供水。恨虎坝首部泵站安装水泵 4 台，分别为 2 个片区独立供水，每个微灌片由 2 台水泵供水，水泵流量、扬程根据 2 个片区的灌溉面积、输水距离和地形高差进行复核，能满足本次灌溉面积的需求。为了保证系统安全，考虑章柏村灌片、硝洞村灌片的距离较远，部分地块位置较高，在此 2 个灌溉片区分别设置二级泵站，进行加压灌溉。其中章柏村片区二级泵站设置 3 台水泵，硝洞村片区二级泵站设置 2 台水泵。

研究区内主要作物为洋芋和烤烟，设计中按耗水强度较大的洋芋计算需水量，以保证系统充分供水。微灌系统首部枢纽包括施肥装置、砂石及网式过滤器等，砂石过滤器为一级过滤器，网式过滤器为二级过滤器，过滤系统流量应与泵站抽水流量匹配，可安装在水泵抽水管道的适宜位置，与泵站统一布置于管理房内。系统输水管道根据地形布置，采用 PE 管输水，管道级别根据控制面积确定，一般分为供水主管、主干管、干管、分干管、支管 5 级。在支管首部布置计量设备（射频卡）进行精确计量。给水栓通过地面 PE 管与微喷带相连进行灌溉。

工程建成后，按照“统一指导、分级管理”“政事分开、事企分开、专管与群管相结合”“明晰工程产权、落实工程管护主体和责任”的原则，成立灌区专管机构和群管机构。专管机构为灌区管理机构，群管机构为农民用水合作社。专管机构属县管单位，经费来源主要为水费收入和财政补助，主要负责骨干枢纽工程及其干支渠的具体管理与维护，制订灌区用水计划、用水调配、对群管机构进行业务指导。群管机构由受益区群众成立农民用水合作社，用水合作社负责小（2）型水库及其以下的水源工程、骨干工程支渠以下的渠系工程、田间工程的管理与维修养护、供水调配与管理、水费计收等。

第二节　工程规模及内容

项目区设计灌溉面积 1.008 万亩，全部采用微灌高效节水灌溉措施，主要建设内容包括提水泵站 1 座、二级泵站 2 座，实施微灌措施灌溉面积 1.008 万亩。根据作物种植及灌水方式，确定灌溉设计保证率为 80%。

2 座 2 级泵站共布置 5 台水泵，抽水总流量为 $1076m^3/h$，总装机容量 145kW，配套建设 $375m^3$ 和 $300m^3$ 前池各 1 座，配套 $130m^2$ 和 $60m^2$ 泵房各 1 座。共架设 10kV 输电线路 2.0km，配套变压器 2 套，总容量 280kVA；铺设 $\phi450$ PE 管 4063m，$\phi315$ PE 管 4191m，$\phi280$ PE 管 12833m，$\phi160$ PE 管 20610m，$\phi90$ PE 管 88450m，$\phi75$ PE 管 113072m，$\phi32$ 喷灌带 1111500m。支管首部安装 *DN*80 射频卡电磁阀 472 套，配套闸阀井 558 座。

章柏村二级泵站3台水泵装机容量分别为：1台55kW、2台45kW，总装机流量为1076m^3/h（0.30m^3/s），总装机容量145kW；硝洞村二级泵站2台水泵装机均为30kW，总装机流量为974m^3/h（0.30m^3/s），总装机容量60kW。

本工程设计泵站建设规模为小（2）型，等别为Ⅴ等，主、次要建筑物为5级；本项目其余工程建设等级为Ⅴ级，主要建筑物级别为5级。

第三节　资金筹措方案

本工程项目总投资2711.71万元，项目资金通过各级政府配套、社会融资、群众自筹等3种途径进行筹措。其中：政府配套部分资金为2010.27万元，占总投资的74%；社会融资645.86万，占总投资的24%；群众自筹资金55.58万元，占总投资的2%。

（1）各级政府配套2010.27万元。按中央70%、省20%、市县各5%配套，即中央1407.19万元、省级402.05万元、市级100.51万元、县级100.51万元。

（2）社会融资：645.86万元。

（3）群众自筹：55.58万元。

第四章

成 效 及 经 验

恨虎坝试点紧紧围绕引入社会资本解决农田水利建设和管理“最后一公里”问题这一核心目标，重点解决社会资本在农田水利建设管理领域“如何进来”“怎么盈利”和“机制如何持续”的问题，通过有效的组织保障体系，动员群众全程参与试点改革，认真制订机制建设方案和工程建设方案，建立和实施了科学的初始水权分配机制、合理的水价形成机制、操作性强的节水激励机制、利益平衡的合作社参与机制、可持续的国有工程建管机制、引入社会资本参与农田水利建设管理运营机制和田间工程管护等7项机制。激发了市场和群众参与活力动力，改变了政府大包大揽的传统农田水利建设管理模式，有效破解了农田水利投入不足、管护主体缺失、管理粗放等农田水利建设和管理“最后一公里”问题，为全国创新农田水利投入和管理模式提供了经验、示范和样本。

第一节　试点项目的改革成效

一、实现了群众、企业和政府三方共赢

改革试点打破了政府大包大揽的传统体制机制的约束，激发了市场活力，有效解决了农田水利建设和管理“最后一公里”问题。

（1）群众增收、生产用水便利。实施前，农田水利配套设施不完善，研究区水源恨虎坝水库每年有350多万m^3水未利用，农业生产用水主要依靠车拉、柴油机加压灌溉，费工费时，亩均拉水费用及劳力合计支出高达780元，占亩均收入7523元的10.37%。实施后，灌溉设施配套到田间地头，极大改善了群众生产用水条件，亩均年收入为9300元，增加1777元，灌溉成本亩均合计支出393元，占亩均年收入的4.23%，节约灌溉用水成本387元，亩均减少灌水劳力6个。

（2）企业增效、发展前景良好。经测算，在正常年景，社会资本回收期7年，20年运行期公司累计可计提折旧和收益1911.8万元，年均资本

收益率为9.8%。企业可以将经营范围扩大到研究区以外，并可拓展农业综合生产，土地流转、规模经营和研究区农产品统购统销以及农业生产技术服务，进一步增加企业收益。

(3) 政府节水、工程良性运行。改革引入企业先进的管理理念和技术，建立了产权明晰、责任落实、经费保障的工程运行机制，研究区灌溉水利用系数从0.4提高到0.85，亩均年节约用水45.24m^3，每年可节水45.6万m^3，彻底解决了水利工程“一年建、两年用、三年坏，有人用、无人管”的难题，实现了工程持续、良性运行。

二、生态环境明显改善

通过对水资源的优化配置，合理利用，可减少群众打机井对地下水的开采量。根据农作物的需水状况，适时适量对农作物进行灌溉，不再产生深层渗漏和地面径流，灌溉后地面比较均匀湿润，可避免大水漫灌、串灌造成土壤养分层的损失，同时减少退水对周边和下游环境的污染。可避免长期大水漫灌而使土壤板结而引起的生态结构破坏。通过节水灌溉，还可以调节田间的小气候，增加附近地表层的空气湿度，在高温季节起到凉爽作用，而且能冲掉作物茎叶上的灰尘，有利于作物的呼吸和光合作用。总之，通过节水灌溉，其生态效益也是十分显著的。

三、改革在云南及全国形成示范效应

(1)“先建机制、后建工程”的理念和做法，逐步复制推广到云南省及全国大中型灌区、小农水重点县、高效节水灌溉等农田水利工程中，并延伸至骨干水源工程、农村饮水安全工程等其他水利工程。

(2) 根虎坝经验已在云南红河州建水、昆明市石林等7个县（市、区）复制推广，结合各地实际，突出不同特点，对各项机制进一步应用和深化，社会资本参与农田水利的范围更广、程度更高。红河州建水县南庄片，重点引入社会资本参与骨干工程和田间工程建设管理，研究区一次性建设4.33万亩高效节水灌溉工程，引入社会资本占总投资的比例达到

70%，是国内农田水利引入社会资本规模最大、资金比例最高、完全市场化运营的项目；红河州弥勒县夸竹片，政府引导、适当补助为辅，重点以企业投入为主，开展流转土地、配套完善水利及其他基础设施建设，提升研究区综合生产能力，推进农业规模化、现代化发展，实现土地提质增效、群众受益；昆明市石林县台湾农民创业园区，重点建立专业化服务公司、提升水利现代化能力，支撑农业现代化发展。

四、带动农业农村综合改革

农村水利工程布局与其他基础设施建设交叉、建设管理与农村综合事务管理交织，通过改革试点倒逼其他农村综合改革，全面提升农村事务管理水平。

（1）带动了传统群众承包土地的优化调整。为便于群众有序灌溉与工程布局统一，把耕地统一上收布置工程后重新分配，避免了征占地纠纷矛盾。

（2）带动了村容村貌综合整治。改革统筹规划、建设生产道路、美丽乡村，提升了群众生产生活质量。

（3）倒逼农村提升了基层公共事务管理能力和群众民主管理、自我管理水平。

第二节　试点项目的经验

本次改革试点成功引入社会资本参与农田水利工程建设、运营和管理，实现了“两手发力”，达到了改革目的，积累了可复制、可推广、可持续的经验。

一、全面推行初始水权分配、总量控制和定额管理机制

在研究区严格把控水资源开发利用控制红线和用水效率控制红线，为

水价形成、节水奖励机制提供了支撑，实现了最严格水资源管理制度宏观政策落地生根。

(1) 按照用水有保障、用水不浪费的原则，统筹考虑生产生活生态用水，比较可供水量和实际需求量，取小值作为研究区用水总量控制指标。

(2) 根据作物种植结构，参考云南省地方标准《用水定额》(DB 53/T 168—2013)，结合研究区群众用水调查和工程设计的灌溉制度，按照从严从紧的原则，确定用水综合定额，赋予每亩土地平等水权。

(3) 颁发水权证到户、载明用水权益。

(4) 依据来水丰枯，每年动态调整用水总量控制指标。

(5) 实行水权交易盘活水市场。

二、建立合理的水价形成机制

在水价形成机制建立过程中，主要是打破一个规则、创新两个方式、达成三方利益平衡。

(1) 打破传统水价国有骨干工程计提折旧、田间工程不计折旧的水价计算规则，把引入社会资本建设田间工程计提折旧和合理报酬纳入水价成本，反复试算社会资本投资比例和工程成本水价、运行水价，直至达到基本平衡。

(2) 创新建立执行水价和水价定价两个方式。一方面，鉴于成本水价较高、群众承受能力不足，提出执行水价的理念，采取政府少收、缓收原水水费、三年逐步调整到运行水价的措施，优先保证群众能承受、企业合理盈利；另一方面，改变传统完全由物价部门监审批准水价的定价机制，国有工程水价仍采用原有定价机制，把社会资本投资的田间工程水价交由供用水双方协商定价，报物价部门备案。

(3) 以群众承受能力为基础，企业合理盈利为基准，政府让利为调节，找准群众、企业和政府三方利益平衡点。

三、建立有效的节水激励机制

在科学确定和不断修正用水定额的基础上，建立严格的超定额累进加价制度，创新建立超定额加收农业水资源费的制度，创新设立政府节水奖励基金鼓励节约用水，充分发挥价格杠杆调节作用，培养群众水商品意识和节约用水意识，促进水资源节约和保护。同时有奖有惩的机制体现了公平公正、权责对等的行政管理理念。

四、建立社会资本参与的进入机制

建立社会资本参与的进入机制，着力开辟了一个新领域、建立了一套新程序、创建了两个新制度、实践了一个新模式。

（1）突破了以往社会资本仅进入重大骨干水利工程领域的限制，进一步放开社会资本参与和准入范围，只要有意愿、有实力的投资主体均可参加农田水利工程投资建设管理领域。

（2）坚持公开透明、公平公正的原则，形成了发布招商公告→现场踏勘答疑→量化评分标准→民主推选评委→公开招商比选→组建项目公司的新程序，有效保证了社会投资主体的顺利进入。

（3）创新建立了政府与企业风险共担和社会资本退出制度，政府承担最大的改革风险，降低社会资本风险，使社会资本“愿进来、稳得住、有回报”。

（4）在农田水利工程建设管理中具体实施PPP模式，是社会资本进入农业农村农田水利薄弱基础行业的一次有益尝试。

五、建立企业和农民合资共享的股份合作机制

在农户参与农田水利建设、运营和管理过程中，主要是构建一个平台、创新一种主体、制订一个标准。

（1）以农民用水合作社为平台，把原来松散的农民用水户凝聚为经营性合作组织，赋予其市场主体权利，增添了农民参与改革的活力和动力。

（2）创新建立“企业＋合作社”新型合作主体，引入的社会资本和农民用水合作社按照7∶3的比例出资组建“陆良大禹节水农业科技有限公司”，把引入的市场投资主体与分散经营的农户形成利益共同体，共同投

资建设管理维护田间工程，提高了群众全程参与工程投资建设经营管理自觉性和积极性，使群众从投资运营中获得经济收益，实现田间工程良性运行。

(3) 把有无征占地补偿作为群众工作是否到位的标准，确保群众全程参与，保障改革的顺利推进。

六、建立可持续的国有工程建管机制

进一步明晰国有工程产权和管理责任主体，明确政府投资建设形成的供水主干管、支管及其附属泵站和计量设施等国有工程产权归国家所有，把运行管理费用足额分摊到运行成本水价，在收取的水费中落实，在初期达不到运行成本水价的过渡年份或供水量不足的特殊年份，由政府补足运行维护费用，把过去政府全部出钱维护转变为少出钱、不出钱甚至盈余费用转为节水奖励基金。同时，末端田间工程采取市场化管理模式，国有工程管理单位与有限公司签订用水合同，明确权责义务，倒逼国有工程管理单位提高效率，做好服务，保障国有工程长效运行。

第五章

恨虎坝模式应用推广

恨虎坝模式是目前在农田水利工程建设、运营和管理中引入社会资本和投资主体，解决农田水利建设和管理“最后一公里”问题较为有效的模式。它是农田水利领域开展的以“先建机制、后建工程”为指导思想，以机制建设为核心，通过政府和市场两手发力，实现群众、企业和政府三方共赢的模式。

目前，全国农田水利建设和管理“最后一公里”问题特别是建后管护问题十分突出。恨虎坝灌区存在的问题在全国具有代表性和典型性，恨虎坝模式具有一定的启示和借鉴意义。

第一节　运行环境

恨虎坝模式的运行具有特定的环境和自身的客观条件，在借鉴该模式的经验进行复制、推广的过程中，为保证该模式在其他地方的成功运用，要充分考虑以下因素：

（1）用水困难。地处丘陵半山区，地势起伏，田高水低，无输水设施，尚有可供水量无法利用，“望水兴叹干着急”。

（2）用水成本高。群众生计主要在务农，收入主要来源单一，农业生产用水取水难，运距远，费工费时。

（3）管水效率低。设施运营缺机制，产权不明晰，管护责任不落实，工程水价偏离供水成本，水费收取率低，管护不到位，管水方式粗放、效率低下。

（4）群众积极性高，节水空间大。农田水利工程配套率低，群众深感用水之累、用水之贵，群众对农田水利工程建设的参与意识较强，盼水心切。

第二节　保障措施

一、组织保障

为做好类似改革项目推进工作，应建立由项目所在地人民政府牵头，财政、发改、物价、水利、工商、农业、国土等相关部门参与的工作协调机制。市、县、乡各级政府建立相应的工作协调机制，细化分解责任；健全政府督办、水行政主管部门牵头落实、相关部门密切配合的组织保障体系，确保工作顺利推进。

水行政主管部门负责机制建设、工程建设管理和运行维护全过程的专业技术指导和监督；负责组织工商、发改、财政、审计等部门，就用水合作社规范运作相关知识、对管理人员进行上岗培训，确保合作组织运行管理合法、规范；负责配合上级各有关部门对项目的规划、设计、实施方案上报评审。

工商部门负责做好成立研究区用水合作社的相关手续办理、合作组织法人权利和义务及规范性管理知识的告知。

发改部门负责提供制订研究区水价的相关政策依据，给予水价制订方面的指导和监审，并配合办理相关水价批复工作。

财政部门负责做好研究建设过程中的阶段性资金划拨工作，对建设资金使用情况进行监督，对用水合作社财务规范管理进行专业指导和监督。

农业部门负责对研究区内群众种植产业结构调整提供技术指导。

当地乡、镇政府负责做好宣传发动、组织群众参与、工作协调工作。

审计部门负责对项目建设资金使用和用水合作社财务管理进行审计和监督。

二、政策保障

当地政府应及时出台关于鼓励和引导社会资本参与农田水利建设运营和管理的政策措施，转变职能，合理界定政府的职责定位，因地制宜，建立合理的投资回报机制，合理设计，构建有效的风险分担机制，诚信守约，保证合作双方的合法权益，完善机制，营造公开透明的政策环境，为社会资本进入农田水利建设领域提供政策保障。物价部门应出台深化农业水价综合改革的实施办法，为研究区制订合理的农业水价提供政策支撑。水行政主管部门及质量监督部门应及时完善发布地方标准用水定额或指标，为水权分配和节水激励机制提供技术依据。

三、资金保障

以公共投资为先导、通过财政杠杆集聚社会资本，构建多渠道投入的新范式。

(1) 切实增加政府投入，主要包括加大公共财政对农田水利的投入，增加中央和地方财政专项资金，从土地出让收益中提取10%等财政预算渠道。

(2) 拓宽市场融资渠道。利用资本市场筹资，如发行长期基本建设国债；建立农田水利建设专项基金；向金融机构融资；减免税收和信贷优惠，调动经济组织投入。

(3) 积极引导社会资金投入。可采取财政补助、贴息、税费减免、以奖代补、以奖代投等方式，引导市场主体投入；也可采用担保、保险、物资援助等“政府出资、市场运作”的财政资金运作模式或BOT、BT、PPP等项目融资模式，吸引社会资金投入。

(4) 整合资金。整合农田水利、农业综合开发、土地整理、标准农田等项目资金，提高资金的使用效率。

四、技术保障

项目工程的设计、实施应由相应资质及技术力量的单位承担，需经过实地勘测与论证，做到水源有保障、工程布局合理、工程措施先进、投资概算规范准确、实施方案可行。

项目机制的设计要做好入户调查，汇集民智民意。结合研究区的实际情况，创新机制模式，保障工程良性运行，效益持续发挥。

水行政主管部门应对社会资本自建自管部分的工程，在实施过程中提供技术支撑，在运营过程中进行技术指导和行业管理。

五、宣传引导

各级政府部门应做好宣传、发动，引导群众全程参与工程项目立项、设计、施工、验收的全过程。融合不同利益主体诉求，找准利益平衡点，为确保项目顺利推进营造良好的群众基础。充分利用新闻媒体、张贴标语、发放宣传手册、电视节目等方式宣传项目建设对农业增效和用水户增收的重要作用，营造良好的舆论氛围。同时加强对基层技术人员和广大用水户群众的技术培训，不断提高研究区的建设管理和运行管理水平，扎实做好试点研究的推进工作。

第三节　推　广　建　议

农田水利机制创新要立足于适应当地经济基础条件、群众认识水平。为全面推广复制恨虎坝模式，提出如下一些建议。

一、分类推广引入社会资本模式

(1) 引入社会资本模式适宜在水资源紧缺、用水成本高、作物附加值高、土地集中流转、规模化经营的地区复制推广。

(2) 在水资源丰富、用水成本低、产业基础薄弱、土地分散经营、以解决温饱问题为主的贫困地区和以粮食作物种植为主的偏远山区，可分区域、分类型合理确定引入社会资本的投资比例和参建范围，也可引入市场主体直接经营管理工程，但需国家出台农业水费精准补贴和农田水利工程维修养护补助等配套政策，确保引入市场主体有合理盈利、工程良性运行；也可通过与盈利能力较强的项目组合开发，吸引社会资本参与。

二、全面深化农业水价综合改革

农业水价是支撑引入社会资本参与、保障农田水利工程良性运行的核心和关键。当前全国农业水价严重低于水资源的商品价值，从可持续发展的角度出发，建议全面推进农业水价综合改革，体现水资源商品属性，合理考虑群众的承受能力，推进农业水价综合改革，适当提高现行农业水价，利用价格杠杆有效配置水资源，才能确保其他各项机制落地生效。

三、坚持群众全程参与

群众是改革的主体和最大受益者，研究机制建设、工程建设全程都必须动员群众参与，融合不同利益主体诉求，找准利益平衡点，确保机制可行。

（1）建议推广用水合作社模式，拓展合作社经营业务范围，也可将用水合作社与其他专业合作组织整合。

（2）建议推广用水合作社与市场投资主体共同组建公司的合作模式，实现群众与企业深度融合，利益共享、风险共担。

（3）建议把群众的参与作为项目审批实施的前置条件之一，确保机制和工程方案与群众诉求达成一致。

四、全面推行“先建机制、后建工程”

要根本解决农田水利建设和管理“最后一公里”的问题，必须把机制建设作为项目审批的前置条件。具备引入社会资本条件的研究，引导建立市场参与机制，用企业的管理经验和技术从根本上解决建后管理的问题；不具备引入社会资本条件的研究，也必须建立各项管护机制，依托用水合作组织或其他市场主体，政府补贴管护经费，购买社会服务，确保工程良性运行。

五、全面推行初始水权分配、节水激励机制

为贯彻落实最严格水资源管理制度，实现水资源的有序管理、精细管理和高效利用，提高依法治水能力，建议全面推行初始水权分配和节水激励机制。

六、加强监测评估，不断修订完善机制

在研究实施过程中，为保证工程能够长期有效地运行，应做好研究实施前、实施中及实施后的各项数据、指标的监测及评估工作，对工程研究、工作措施、常规和异常活动、事故及潜在的隐患等跟踪调查处理。

附录

试点实施有关管理办法及政策文件

恨虎坝中型灌区水权分配及水权交易管理办法（暂行）

第一章　总　　则

第一条　为优化配置水资源，推进用水结构调整、高效利用水资源，规范用水管水行为、强化用水管理，依据有关法律法规，制定本办法。

第二条　本办法所称的水权是指在水资源属国家所有的前提下，用水单位或个人获得的水资源使用权，包括取水权和用水权。

第三条　国家对水资源实行取水许可和有偿使用制度。

第四条　水资源实行总量控制和定额管理相结合的管理制度。

第二章　用水总量指标分配

第五条　陆良县人民政府依据《国务院关于最严格水资源管理制度的意见》，充分考虑当地供用水现状、国民经济和社会发展情况、种植结构和农户承受能力，细化分解全县用水总量控制指标，确定各乡镇、各行政村用水总量控制指标。

第六条　恨虎坝中型灌区根据上级人民政府分配给本区的用水总量控制指标，考虑灌区水土资源条件及社会经济发展状况，确定灌区用水总量控制指标。

第七条　炒铁村为民农民用水合作社根据项目区有关农户承包面积及自留田、秧田等合理分配亩均用水指标。

灌溉面积原则上以县国土资源部门确权登记的为准。各户面积在村组范围内进行公示。

第三章　确　权　登　记

第八条　恨虎坝水库的水资源所有权归国家所有。由工程所有者申请办理根虎坝水库的取水许可证。

第九条　用水权证是用水户享有水资源使用权的有效证件，由陆良县人民政府监制，规定持证人拥有的用水总量指标。

第十条　按照分配的水量，用水户向炒铁村为民农民用水合作社申办用水权证，陆良县水务局核发，并造册登记。

第十一条　用水户在水权证载明的用水总量指标范围内购买水卡。水卡可以流通交易。

第四章　水　权　交　易

第十二条　鼓励用水户加强节水，允许项目区用水户对定额内水量进行交易。

第十三条　项目区内的用水户之间可以直接进行水权交易；超出项目区范围的水权交易以及项目区内新增用水户的水权交易，需经利益相关方同意，报县水务局审核批准后方可进行。

第十四条　土地发生流转的，应就灌溉用水水权流转进行协商，办理用水权流转手续。

第十五条　水权转让交易规则由陆良县政府制定，保证转让交易的严肃性、规范性、公正性。

第十六条　水权转让采取公告制度。陆良县水务局或授权单位和炒铁村为民农民用水合作社对拟出让、拟受让的水权，以及审核登记的水权进行公告，公告内容包括水源条件、时间、水量、水质、期限、转让条件等。

第五章　附　　则

第十七条　陆良县水务局根据实际需要负责制定本办法实施细则。

第十八条　本办法自发布之日起施行。

试点项目农业水价综合改革办法

第一章　总　　则

第一条　为指导恨虎坝中型灌区创新机制试点项目农业水价综合改革，根据《中华人民共和国水法》《中华人民共和国价格法》《水利工程供水价格管理办法》《关于加强农业末级渠系水价管理的通知》和《水利工程供水价格核算规范（试行）》，制定本办法。

第二条　本办法适用于项目区范围内国有水利工程、田间水利工程水价的测算。

第三条　本办法当中的水价测算，是指在政府价格主管部门和水行政主管部门的指导下，国有水利工程管理单位和田间水利工程管理单位按照一定的程序、方法，对其管理的水利工程进行测算的行为。

第四条　水利工程水价要在明晰产权、控制人员、约束成本的基础上，按照满足水利工程运行管理和维修养护费用的原则测算。

第五条　国有水利工程供水价格实行政府定价。

田间水利工程供水价格实行政府指导价，由田间水利工程管理单位与用水户协商确定。

第六条　价格执行实行统一领导，分级管理，兼顾各方面的承受能力，遵循保护资源、节约用水、补偿成本、合理收益、公平负担、适时调整的原则。

第二章　水　价　测　算

第七条　国有水利工程供水费用由材料费、管理费用、配水员劳务费用、维修养护费用、折旧等构成。

1. 材料费主要指提水电费。

2. 管理费用是指为组织和管理国有水利工程农田灌溉所发生的各项费用，包括办公费用、会议费、通讯补助费、交通补助费及管理人员合理的误工补贴等。

3. 配水员劳务费用是指在供水期内聘用配水人员所支付的劳务费。

4. 维修养护费用是指对灌区每年必须进行的日常维修、养护费用。

5. 折旧根据《水利工程管理单位固定资产折旧年限表》计算。

第八条　田间水利工程供水费用由管理费用、配水员劳务费用、维修养护费用、折旧、分红等构成。

1. 管理费用是指为组织和管理田间工程农田灌溉所发生的各项费用，包括办公费用、会议费、通讯补助费、交通补助费及管理人员合理的误工补贴等。

2. 配水员劳务费用是指在供水期内聘用配水人员所支付的劳务费。

3. 维修养护费用是指对灌区每年必须进行的日常维修、养护费用。

4. 折旧根据《水利工程管理单位固定资产折旧年限表》计算。

5. 分红在国有商业银行长期贷款利率基础上上浮3个百分点左右。

第九条　国有水利工程水价由国有工程管理单位提出，田间水利工程由田间水利工程管理单位提出，由国有水管单位汇总后，报县物价部门进行成本监审。

第三章　水价制定及收缴

第十条　实行农业终端水价制度，实现“计量供水、核算到户、收费到户、开票到户”。

第十一条　用水必须计量。水量计量点设置在向各用水户供水的终端点，分块分区域配套完善田间工程计量设施，开发智能用水计量平台，安装智能射频卡提前预交水费，实行按方计量收费。

第十二条　实行终端水价，执行水价为：2015年0.66元/m^3，2016年0.72元/m^3，2017年及以后0.79元/m^3。

实行水价动态调整机制，成本发生重大变化的，由国有工程管理单位或者田间水利工程管理单位提出申请，由县物价局按规定调整水价。

第十三条　水费由田间水利工程管理单位计收。县级水利、物价部门可对其收缴情况进行监督检查。

第十四条　用水户应按时足额交纳水费。逾期不交的，收费单位可以从逾期之日起按日加收1‰的滞纳金。

第十五条 经催缴仍不交纳水费的，水管单位有权限制供水直至停止供水，必要时可申请人民法院按《中华人民共和国民事诉讼法》督促程序执行。

第四章 水费的使用和管理

第十六条 水费用于水利工程的运行管理、大修理和更新改造的支出。任何单位和部门不得截留、挪用水费。

第十七条 水利工程管理单位要加强财务管理，建立健全财务制度。要收好、管好、用好水费，努力节约开支。各级水利主管和财政部门对水利工程管理单位的年度财务收支计划和决算，财务制度的执行情况和资金使用效果，负责审批、检查、监督。

第五章 附 则

第十八条 本办法由陆良县政府负责解释。

第十九条 本办法自批准之日起执行。

试点项目区超定额累进加价管理办法

第一条　为促进水资源优化配置，提高用水效率和效益，推动用水方式和经济发展方式转变，根据《中华人民共和国水法》《取水许可和水资源费征收管理条例》和《云南省取水许可和水资源费征收管理办法（省政府154号令）》，结合项目区实际情况，制定本办法。

第二条　本办法适用于项目区内农业用水户。

第三条　超定额取用水实行累进加价及累进收取水资源费制度。

第四条　项目区应当严格执行用水总量控制指标。各用水户取水许可水量不得超过年度用水总量控制指标；各用水户的年度取用水计划不得超过取水许可水量。

第五条　项目区各种植作物执行表1中的灌溉用水定额。每年12月31日前由陆良县水务局根据水库蓄水量和来年来水、降水预测，确定选用合理的灌溉用水定额，并进行公告。

表1　　项目区主要种植作物净灌溉用水定额

作物名称	灌溉定额/(m^3/亩)		
	$P=50\%$	$P=75\%$	$P=85\%$
玉米	80	90	100
烤烟	35	40	40
夏洋芋	45	50	75
蔬菜	285	335	395
冬洋芋	55	60	105
果树	65	70	80

第六条　用水户应向恨虎坝水库管理所提出用水申请，由恨虎坝水库管理所依据当地有关用水定额标准核定并下达年度用水计划。

第七条　用水户应于每年12月31日前向恨虎坝水库管理所报送本年

度取用水情况和下年度取用水申请。

第八条 恨虎坝水库管理所应当于每年1月31日前核定并下达用水户当年的取用水计划。取用水计划应当逐月分配到年内12个月份。

第九条 用水户因生产计划变动需调整用水计划的，应当及时向原核准机关提出用水计划调整申请，原核准机关应当及时批复。

第十条 用水户实际取用水量按取用水计量设施实际计量值确定。超定额取用水量按年按户核算。

第十一条 超定额累进加价和累进征收水资源费按照下列标准执行：

定额内用水量按批准价格执行，超出定额的，实行累进加价制度。超定额10%以下的部分，按执行水价的110%计收；超定额10%～30%的部分，按执行水价的130%计收；超定额30%～50%的部分，按执行水价的150%计收；超定额50%以上的部分，按执行水价的200%计收。

超定额用水的，对超出部分应累进收取水资源费：超定额10%以下的部分，加收水资源费0.2元/m^3；超定额10%～30%的部分，按照加收水资源费征收标准的2倍收取；超定额30%～50%的部分，按加收照水资源费征收标准的2.5倍收取；超定额50%以上的部分，按照加收水资源费征收标准的3倍收取（表2）。

表2　超定额用水累进加价价格表　单位：元/m^3

标　准	水价标准			水资源费标准	实收水价		
	2015年	2016年	2017年		2015年	2016年	2017年
核定水价	0.66	0.72	0.79	—	0.66	0.72	0.79
超过定额水量10%以下的部分	0.73	0.79	0.86	0.2	0.93	0.99	1.06
超过定额水量10%～30%的部分	0.86	0.94	1.01	0.4	1.26	1.34	1.41
超过定额水量30%～50%的部分	0.99	1.08	1.18	0.5	1.49	1.58	1.68
超过定额水量50%以上的部分	1.32	1.44	1.57	0.6	1.92	2.04	2.17

第十二条 超定额加价征收的水资源费的使用和管理，按照《云南省取水许可和水资源费征收管理办法（省政府154号令）》的规定执行。

第十三条　超定额加价水费的征收和使用情况，恨虎坝水库管理所要接受财政、物价、审计等部门的检查和监督。

第十四条　本办法自颁布之日起施行。

第十五条　本办法由陆良县人民政府负责解释。

试点项目区节水奖励管理办法

第一条 为促进节约用水，根据《云南省水资源节约条例》《关于推进水价改革促进节约用水保护水资源的通知》等相关政策法规，结合项目区实际情况，制定本办法。

第二条 本办法适用于项目区内农业用水户。

第三条 用水户在定额内已购买但未使用的水量指标，如未能成功交易转出，每年年底由田间水利工程管理单位在原购买价格基础上加价0.05元/m^3进行奖励性回购。

第四条 奖励和回购资金来源包括超定额累进加价水费收入、社会捐赠等，不足部分由地方财政补足。

第五条 凡符合本办法规定条件的用水户，均可在12月31日至次年1月31日间向田间水利工程管理单位申报奖励。

第六条 田间水利工程管理单位于每年年底统一回购项目区内农户的水卡，核算各农户的奖励金额，并登记造册。经农户确认后公示，公示无异议，报小百户水务所审核，报县水务局审批后，抄送乡镇财政发放。

第七条 申报人必须确保提供的材料真实、有效。

第八条 对弄虚作假骗取节水奖励的，县水行政主管部门将取消其5年内的申请资格，已获得节水奖励的，将收回奖励金。

第九条 因种植面积缩减或转产等非节水因素引起的用水量下降，不属于本办法的奖励范围。超定额用水的用户节约的水量不属于本办法的奖励范围。存在私采地下水等违法用水情形的，一律取消申请资格。

第十条 节水奖励资金的发放接受群众监督和财政、物价、审计等部门的检查和监督。

第十一条 本办法自发布之日起实施。

陆良县炒铁为民用水专业合作社章程

第一章 总 则

第一条 为保护社员的合法权益，增加社员收入，促进本社发展，依照《中华人民共和国农民专业合作社法》和有关法律、法规、政策，制定本章程。

第二条 本社由孙永林等3人发起，于2014年8月1日召开设立大会。

本社名称：陆良县炒铁为民用水专业合作社，社员出资总额13000元。

本社法定代表人：孙永林。

本社住所：小百户镇炒铁村委会，邮政编码：655608。

第三条 本社以服务社员、谋求全体社员的共同利益为宗旨。社员入社自愿，退社自由，地位平等，民主管理，实行自主经营，自负盈亏，利益共享，风险共担，盈余主要按照社员与本社的交易量（额）比例返还。

第四条 本社以社员为主要服务对象，依法为社员提供用水服务，接受委托提供水费征收服务，水利工程维修养护、建设，田间道路维护，农村水环境维护、水利工程建设经营，农业灌溉及农用物资的代购，农产品的销售、运输、贮藏以及与农业生产经营有关的技术、信息等服务。主要业务范围如下：水利工程的水利工程建设经营；用水服务；水费收缴服务；项目区田间道路养护；组织农产品物资采购、供应社员所需的生产资料；组织收购、销售社员生产的产品；开展社员所需的运输、储藏、包装等服务；引进新技术、新品种，开展技术培训、技术交流和咨询服务等。经营范围以工商行政管理部门核定的为准。

第五条 本社对由社员出资、公积金、国家财政直接补助、他人捐赠以及合法取得的其他资产所形成的财产，享有占有、使用和处分的权利，并以上述财产对债务承担责任。

第六条 本社每年提取的公积金，按照社员与本社业务交易量（额）和出资额，依比例量化为每个社员所有的份额。由国家财政直接补助和他人捐赠形成的财产平均量化为每个社员的份额，作为可分配盈余的依据之一。

本社为每个社员设立个人账户，主要记载该社员的出资额、量化为该社员的公积金份额以及该社员与本社的业务交易量（额）。

本社社员以其个人账户内记载的出资额和公积金份额为限对本社承担责任。

第七条 经社员大会讨论通过，本社向政府有关部门申请或者接受政府有关部门委托，组织实施国家支持发展农业和农村经济的建设项目；按决定的数额和方式参加社会公益捐赠。

第八条 本社及全体社员遵守社会公德和商业道德，依法开展生产经营活动。

第二章 成 员

第九条 具有民事行为能力的公民，从事粮食作物和经济作物的生产经营，能够利用并接受本社提供的服务，承认并遵守本章程，履行本章程规定的入社手续的，可申请成为本社社员。本社吸收从事与本社业务直接有关的生产经营活动的企业、事业单位或者社会团体为团体社员。具有管理公共事务职能的单位不得加入本社。本社社员中，农民社员至少占社员总数的百分之八十。

第十条 凡符合前条规定，向本社理事会提交书面入社申请，经社员大会审核并讨论通过者，即成为本社社员。

第十一条 本社社员的权利：

（一）参加社员大会，并享有表决权、选举权和被选举权；

（二）利用本社提供的服务和生产经营设施；

（三）按照本章程规定或者社员大会决议分享本社盈余；

（四）查阅本社章程、社员名册、社员大会记录、理事会会议决议、监事会会议决议、财务会计报告和会计账簿；

（五）对本社的工作提出质询、批评和建议；

（六）提议召开临时社员大会；

（七）自由提出退社声明，依照本章程规定退出本社。

第十二条　本社社员大会选举和表决，实行一人一票制，社员各享有一票基本表决权。

第十三条　本社社员的义务：

（一）遵守本社章程和各项规章制度，执行社员大会和理事会的决议；

（二）按照章程规定向本社出资；

（三）积极参加本社各项业务活动，接受本社提出的参与水利工程维修及管理任务，按照本社规定的质量标准和生产技术规程从事生产，履行与本社签订的管理合同和业务合同，发扬互助协作精神，谋求共同发展；

（四）维护本社利益，爱护水利设施和生产设施，保护本社社员共有财产；

（五）不从事损害本社社员共同利益的活动；

（六）不得以其对本社或者本社其他社员所拥有的债权，抵销已认购或已认购但尚未缴清的出资额；不得以已缴纳的出资额，抵销其对本社或者本社其他社员的债务；

（七）承担本社的亏损；

（八）社员共同议决的其他义务。

第十四条　社员有下列情形之一的，终止其社员资格：

（一）主动要求退社的；

（二）丧失民事行为能力的；

（三）死亡的；

（四）团体社员所属企业或组织破产、解散的；

（五）被本社除名的。

社员要求退社的，须在会计年度终了的三个月前向理事会提出书面声明，方可办理退社手续；其中，团体社员退社的，须在会计年度终了的六个月前提出。退社社员的社员资格于该会计年度结束时终止。资格终止的社员须分摊资格终止前本社的亏损及债务。

社员资格终止的，在该会计年度决算后三个月内，退还记载在该社员账户内的出资额和公积金份额。如本社经营盈余，按照本章程规定返还其相应的盈余所得；如经营亏损，扣除其应分摊的亏损金额。

社员在其资格终止前与本社已订立的业务合同应当继续履行。

第十五条 社员死亡的，其法定继承人符合法律及本章程规定的条件的，在三个月内提出入社申请，经社员大会讨论通过后办理入社手续，并承继被继承人与本社的债权债务。否则，按照第十五条的规定办理退社手续。

第十六条 社员有下列情形之一的，经社员大会讨论通过予以除名：

（一）不履行社员义务，经教育无效的；

（二）给本社名誉或者利益带来严重损害的；

（三）故意破坏水利设施和本社其他资产的。

本社对被除名社员，退还记载在该社员账户内的出资额和公积金份额，结清其应承担的债务，返还其相应的盈余所得。因前款第二项被除名的，须对本社做出相应赔偿。

第三章 组 织 机 构

第十七条 社员大会是本社的最高权力机构，由全体社员组成。

社员大会行使下列职权：

（一）审议、修改本社章程和各项规章制度；

（二）选举和罢免理事长、理事、执行监事或者监事会社员；

（三）决定社员入社、退社、继承、除名、奖励、处分等事项；

（四）决定社员出资标准及增加或者减少出资；

（五）审议本社的发展规划和年度业务经营计划；

（六）审议批准年度财务预算和决算方案；

（七）审议批准年度盈余分配方案和亏损处理方案；

（八）审议批准理事会、执行监事或者监事会提交的年度业务报告；

（九）决定重大财产处置、对外投资、对外担保和生产经营活动中的其他重大事项；

（十）对合并、分立、解散、清算和对外联合等作出决议；

（十一）决定聘用经营管理人员和专业技术人员的数量、资格、报酬和任期；

（十二）听取理事长或者理事会关于社员变动情况的报告。

第十八条　本社社员超过一百五十人时，每 5 名社员选举产生一名社员代表，组成社员代表大会。社员代表大会履行社员大会的全部职权。社员代表任期 3 年，可以连选连任。

第十九条　本社每年召开 4 次社员大会。社员大会由孙永林理事长负责召集，并提前十五日向全体社员通报会议内容。

第二十条　有下列情形之一的，本社在二十日内召开临时社员大会：

（一）百分之三十以上的社员提议；

（二）理事会提议。

第二十一条　社员大会须有本社社员总数的三分之二以上出席方可召开。社员因故不能参加社员大会，可以书面委托其他社员代理。一名社员最多只能代理 3 名社员表决。

社员大会选举或者做出决议，须经本社社员表决权总数的过半数通过；对修改本社章程，改变社员出资标准，增加或者减少社员出资，合并、分立、解散、清算和对外联合等重大事项做出决议的，须经社员表决权的总数三分之二以上票数通过。社员代表大会的代表以其受社员书面委托的意见及表决权数，在社员代表大会上行使表决权。

第二十二条　本社设理事长一名，为本社的法定代表人。理事长任期 3 年，可连选连任。

理事长行使下列职权：

（一）主持社员大会，召集并主持理事会会议；

（二）签署本社社员出资证明；

（三）签署聘任或者解聘本社经理、财务会计人员和其他专业技术人员聘书；

（四）组织实施社员大会和理事会决议，检查决议实施情况；

（五）代表本社签订合同等。

第二十三条　本社设理事会，对社员大会负责，由 9 名社员组成，设副理事长 2 人。理事会社员任期 3 年，可连选连任。

理事会行使下列职权：

（一）组织召开社员大会并报告工作，执行社员大会决议；

（二）制订本社水利工程的建设和管理方案、发展规划、年度业务经营计划、内部管理规章制度等，提交社员大会审议；

（三）制定年度财务预决算、盈余分配和亏损弥补等方案，提交社员大会审议；

（四）组织开展社员培训和各种协作活动；

（五）管理本社的资产和财务，保障本社的财产安全；

（六）接受、答复、处理执行监事或者监事会提出的有关质询和建议；

（七）决定聘任或者解聘本社经理、财务会计人员、其他管护人员和专业技术人员。

第二十四条 理事会会议的表决，实行一人一票。重大事项集体讨论，并经三分之二以上理事同意方可形成决定。理事个人对某项决议有不同意见时，其意见记入会议记录并签名。理事会会议邀请 10 名社员代表列席，列席者无表决权。

第二十五条 本社设执行监事一名，代表全体社员监督检查理事会和工作人员的工作。执行监事列席理事会会议。

第二十六条 本社经理由理事会聘任或者解聘，对理事会负责，行使下列职权：

（一）主持本社的水利工程管护和生产经营工作，组织实施理事会决议；

（二）组织实施年度生产经营计划和投资方案；

（三）拟订经营管理制度；

（四）提请聘任或者解聘财务会计人员和其他管理人员；

（五）聘任或者解聘除应由理事会聘任或者解聘之外的管理人员和其他工作人员。

本社理事长或者副理事长可以兼任经理。

第二十七条 本社现任理事长、副理事长、经理和财务会计人员不得兼任监事。

第二十八条 本社理事长、副理事长和管理人员不得有下列行为：

（一）侵占、挪用或者私分本社资产；

（二）违反章程规定或者未经社员大会同意，将本社资金借贷给他人或者以本社资产为他人提供担保；

（三）将他人与本社交易的佣金归为己有；

（四）从事损害本社经济利益的其他活动；

（五）兼任业务性质相同的其他农民专业合作社的理事长、理事、监事、经理。

理事长、副理事长和管理人员违反前款第（一）项至第（四）项规定所得的收入，归本社所有；给本社造成损失的，须承担赔偿责任。

第四章　财　务　管　理

第二十九条　本社实行独立的财务管理和会计核算，严格按照国务院财政部门制定的农民专业合作社财务制度和会计制度核定生产经营和管理服务过程中的成本与费用。

第三十条　本社依照有关法律、行政法规和政府有关主管部门的规定，建立健全财务和会计制度，实行每季度第一周进行上季度财务公开。

本社财会人员应持有会计从业资格证书，会计和出纳互不兼任。理事会、监事会社员及其直系亲属不得担任本社的财会人员。

第三十一条　社员与本社的所有业务交易，实名记载于各该社员的个人账户中，作为按交易量（额）进行可分配盈余返还分配的依据。利用本社提供服务的非社员与本社的所有业务交易，实行单独记账，分别核算。

第三十二条　会计年度终了时，由理事长按照本章程规定，组织编制本社年度业务报告、盈余分配方案、亏损处理方案以及财务会计报告，经执行监事或者监事会审核后，于社员大会召开十五日前，置备于办公地点，供社员查阅并接受社员的质询。

第三十三条　本社资金来源包括以下几项：

（一）水费分成；

（二）社员出资；

（三）每个会计年度从盈余中提取的公积金、公益金；

（四）未分配收益；

（五）国家扶持补助资金；

（六）他人捐赠款；

（七）其他资金。

第三十四条 本社社员可以用货币出资，也可以用库房、加工设备、运输设备、农机具、节水设备、农产品等实物、知识产权等能够用货币估价并可以依法转让的非货币财产作价出资。社员以非货币财产出资的，由全体社员评估作价。社员不得以劳务、信用、自然人姓名、商誉、特许经营权或者设定担保的财产等作价出资。

社员的出资额以及出资总额以人民币表示。社员出资额之和为社员出资总额。

第三十五条 以非货币方式作价出资的社员与以货币方式出资的社员享受同等权利，承担相同义务。

经理事会审核，社员大会讨论通过，社员出资可以转让给本社其他社员。

第三十六条 为实现本社及全体社员的发展目标需要调整社员出资时，经社员大会讨论通过，形成决议，每个社员须按照社员大会决议的方式和金额调整社员出资。

第三十七条 本社向社员颁发社员证书，并载明社员的出资额。社员证书同时加盖本社财务印章和理事长印鉴。

第三十八条 本社从当年盈余中提取百分之二十的公积金，用于水利工程的升级改造、扩大生产经营、弥补亏损或者转为社员出资。

第三十九条 本社从当年盈余中提取百分之十的公益金，用于社员的技术培训、合作社知识教育以及文化、福利事业和生活上的互助互济。其中，用于社员技术培训与合作社知识教育的比例不少于公益金数额的百分之三。

第四十条 本社接受的国家财政直接补助和他人捐赠，均按本章程规定的方法确定的金额入账，作为本社的资金（产），按照规定用途和捐赠者意愿用于本社的发展。在解散、破产清算时，由国家财政直接补助形成的财产，不得作为可分配剩余资产分配给社员，处置办法按照国家有关规定执行；接受他人的捐赠，与捐赠者另有约定的，按约定办法处置。

第四十一条 当年扣除生产经营和管理服务成本，弥补亏损、提取公积金和公益金后的可分配盈余，经社员大会决议，按照下列顺序分配：

（一）按社员与本社的业务交易量（额）比例返还，返还总额不低于可分配盈余的百分之七十。

（二）按前项规定返还后的剩余部分，以社员账户中记载的出资额和公积金份额，以及本社接受国家财政直接补助和他人捐赠形成的财产平均量化到社员的份额，按比例分配给本社社员，并记载在社员个人账户中。

第四十二条　本社如有亏损，经社员大会讨论通过，用公积金弥补，不足部分用以后年度盈余弥补。

本社的债务用本社公积金或者盈余清偿，不足部分依照社员个人账户中记载的财产份额，按比例分担，但不超过社员账户中记载的出资额和公积金份额。

第四十三条　执行监事或者监事会负责本社的日常财务审核监督。根据社员大会的决定或者监事会的要求，本社委托陆良县审计局对本社财务进行年度审计、专项审计和换届、离任审计。

第五章　合并、分立、解散和清算

第四十四条　本社与他社合并，须经社员大会决议，自合并决议作出之日起十日内通知债权人。合并后的债权、债务由合并后存续或者新设的组织承继。

第四十五条　经社员大会决议分立时，本社的财产作相应分割，并自分立决议作出之日起十日内通知债权人。分立前的债务由分立后的组织承担连带责任。但是，在分立前与债权人就债务清偿达成的书面协议另有约定的除外。

第四十六条　本社有下列情形之一，经社员大会决议，报登记机关核准后解散：

（一）本社社员人数少于五十人；

（二）社员大会决议解散；

（三）本社分立或者与其他农民专业合作社合并后需要解散；

（四）因不可抗力因素致使本社无法继续经营；

（五）依法被吊销营业执照或者被撤销。

第四十七条　本社因前条第一项、第二项、第四项、第五项、第六项情形解散的，在解散情形发生之日起 15 日内，由社员大会推举名社员组成清算组接管本社，开始解散清算。逾期未能组成清算组时，社员、债权人可以向人民法院申请指定社员组成清算组进行清算。

第四十八条 清算组负责处理与清算有关未了结业务，清理本社的财产和债权、债务，制定清偿方案，分配清偿债务后的剩余财产，代表本社参与诉讼、仲裁或者其他法律程序，并在清算结束后，于 30 日内向社员公布清算情况，向原登记机关办理注销登记。

第四十九条 清算组自成立起十日内通知社员和债权人，并于 60 日内在报纸上公告。

第五十条 本社财产优先支付清算费用和共益债务后，按下列顺序清偿：

（一）与农民社员已发生交易所欠款项；

（二）所欠员工的工资及社会保险费用；

（三）所欠税款；

（四）所欠其他债务；

（五）归还社员出资、公积金；

（六）按清算方案分配剩余财产。

清算方案须经社员大会通过或者申请人民法院确认后实施。本社财产不足以清偿债务时，依法向人民法院申请破产。

第六章 附 则

第五十一条 本社需要向社员公告的事项，采取张榜公布方式发布，需要向社会公告的事项，采取电视公告的方式发布。

第五十二条 本章程由设立大会表决通过，全体设立人签字后生效。

第五十三条 修改本章程，须经半数以上社员或者理事会提出，理事会负责修订，社员大会讨论通过后实施。修改章程未涉及登记事项的，应当自做出修改决定之日起 30 日内，将法定代表人签署的修改后的章程或者章程修正案报送登记机关备案。

第五十四条 本章程由本社理事会负责解释。

恨虎坝中型灌区为民合作社财务管理办法（试行）

第一条　为规范小百户镇恨虎坝灌区农民用水合作社（以下简称合作社）的财务行为，加强财务管理和会计核算，维护合作社及社员的合法权益，根据国家有关规定和《炒铁村委会农民用水合作社章程》，制定本办法。

第二条　合作社财务管理的基本任务是：依法合理筹集资金、收取社员水费，有效利用各项资产，合理组织各项财务活动，正确处理好各种财务关系和利益分配关系，加强内部财务管理和监督，做好财务管理基础工作，确保水利工程发挥最大效益，同时搞活其他经济建设，增加成员收入，促进本社发展。

第三条　合作社的财务工作可委托小百户镇村级财务统管中心管理，同时接受业务主管部门和登记管理机关的指导和财政、审计部门的监督。

第四条　合作社理事会根据本会的年度计划和项目计划，编制年度预算方案、项目预算方案，报社员大会审议批准。

合作社监事会负责对财务进行监督、检查，并向社员大会作财务监督报告。

第五条　合作社财务收支按照预算管理、统筹兼顾、突出重点、收支平衡、专款专用的原则，开展财务收支管理工作。

第六条　合作社的财务收入包括：

（1）水费收入分成；

（2）有关社会团体、企业和个人的捐赠和资助；

（3）政府部门或其他部门资助活动经费的收入；

（4）其他合法收入（种植技术培训、优良产品推广，农业灌溉及农用物资的代购及农产品代销收入等）。

第七条　本合作社的经费必须用于与本合作社宗旨相符的业务活动和必要的管理支出，其范围包括：

（1）租用和建设办公设施，购买办公设备、办公用品、日常办公费用、财务管理费用等支出；

（2）水利工程的管护工资、维修经费、升级改造等支出；

（3）合作社各类会议开支；

（4）组织交流、业务培训和为社员购买宣传、学习资料支出；

（5）按《合作社章程》开展其他的业务活动费用支出；

（6）必要的接待费用；

（7）理事会决定的其他支出。

第八条 合作社货币资金往来，3000元（含3000元）以下的可以办理现金收支结算，3000元以上必须通过银行办理转账结算。

第九条 合作社严格控制现金库存量，现金库存限额为3000元，超出现金库存限额部分应及时送存银行。

第十条 公务招待和差旅费报销标准参照事业单位有关规定执行。

第十一条 出差人员预支的差旅费，应在返回单位后的3天内凭单据报销结算清楚。

其他预支费用应及时凭单据报销结算清楚。

第十二条 合作社办公用品和固定资产由监事会监督报账员统一购置。一次购置金额在3000元以上的，应先编制预算，报理事会批准。

第十三条 往来款项应及时结算，原则上要在12个月内结算完毕。在年度结算时，应及时做好往来款项函证工作。

第十四条 报销审批的权限与程序：

合作社所有发生的支出业务，由经办人提出申请（附证明人签字），财务人员审核，理事长审批后付款。

第十五条 合作社承担的科技项目或其他财政补助专项项目，应按照要求实行专款专用或财务单列管理，项目经费列支要符合项目合同及财务规定的要求。

第十六条 报销凭证要做到“六有”（有名称、有时间、有内容、有数量、有金额、有对方单位或个人签章），支出报销要经办人、证明人、审批人签章。经办人、证明人对所签票据的真实性、合法性、完整性负责，应在发票上注明用途、服务项目或产品名称、姓名、时间。审批人应有明确的支付或报销的书面意见，并注明审批人姓名和审批时间。

财务人员对于不符合规定条件的报销凭证，不予支付。

第十七条 凡以本合作社名义接受的捐赠款物及收取的所有收入，必须如实入账，收费必须开具正式专用收据。严禁收入不入账，严禁挪用私分。收取现金必须按时存入小百户镇村级财务统管中心。

第十八条 凡本会所拥有，单位价值在2000元以上的，且预计使用年限超过一年的财产物资均作为固定资产管理。

第十九条 对固定资产均应登记造册，建立固定资产明细账，实行固定资产使用登记制度，按照谁使用谁负责的原则进行管理，每年年末盘点一次。

第二十条 合作社票据必须专人妥善保管。按规定建立规范的票据台账、明细账，工作人员领用手续要完备。

第二十一条 开具票据必须严格规范。凡开具的水费收据，必须写明社员姓名（单位全称）、水费的年份、月份，大小金额一致，并注明收费人的姓名。水费收据一式三联必须一次复写完毕，严禁单联填写、涂改、少项、缺页。开错的票据必须在一式三联票据上复写注明作废并由当事人签名方可作废。

第二十二条 每笔支出必须取得正式发票或原始凭证。

第二十三条 财会人员因各种原因离职或调动时，必须办理相关交接手续。

第二十四条 财务人员严格执行国家有关法律法规的规定，遵守合作社章程，自觉履行职责，严守财务秘密。对所有经济活动实施财务监督，参与各项重大活动计划的研究制定。

第二十五条 财务人员对记录不准确、不完整的原始凭证要予以退回；对于不符合财务规定的支出，有权予以拒付。并及时制止和纠正。对制止或纠正无效的，应及时向党委、政府反映。

第二十六条 财务人员要严格履行职责，积极参加有关业务会议，参与拟定经济计划及考核、分析预算的执行情况，认真当好参谋；按规定及时完成各项会计核算工作，及时准确地报送各种报表。

第二十七条 出纳人员要及时办理现金收付和银行结算业务，及时完成账务登记工作，做到日清月结，确保资金安全和财务印鉴规范使用。

第二十八条 本细则由理事会和监事会讨论通过之日起执行。

第二十九条 本细则由理事会负责解释和修订。

试点项目国有工程建设与运行管理办法

第一条 为加强陆良县恨虎坝中型灌区创新机制试点项目国有工程管理，保障工程正常运行和水资源合理配置，发挥工程的社会效益和经济效益，促进可持续发展，根据国家法律、法规的有关规定，结合本地实际，制定本办法。

第二条 本办法所称国有工程指项目区新建的供水主干管、支管及其附属泵站和计量设施。

第三条 按照政府主导、市场运作的原则，建立国有工程建设与运行管理机制。

第四条 国有工程建设由国家投资，陆良县水务局组建项目法人实施，严格执行国家建设管理有关规定。

第五条 国有工程由陆良县灌区管理局恨虎坝水库管理所负责管理。

国有工程管理单位负责国有工程及项目区取水和用水的统一管理和保护，工程供水计划编制、供水和配水调度。国有工程管理单位应当加强对水利工程的管理与维护，建立健全管理制度，坚持项目区事务民主协商，定期商议有关重大事项，及时通报情况。

第六条 国有工程运行管理经费以水费收入为主，不足部分由财政给予补助。

第七条 国有工程管理单位应当加强对水利工程的管理与维护，按照有关规程规范进行管理。任何单位和个人不得损毁灌区内水利工程设施、设备，禁止非工程管理人员操作水利工程设备。

第八条 国有工程应当坚持岁修制度。国有工程管理单位应根据水利工程运行情况提出年度岁修计划，报陆良县水务局同意，由国有工程管理单位组织实施，陆良县水务局应当加强国有工程管理的指导及监督检查。

第九条 国有工程向项目区供水，实行计划用水、节约用水、定额管理、有偿供水制度。

第十条 国有工程管理单位应按照供水、防汛等要求编制年度供水计划。

第十一条 国有工程管理单位应当与田间工程管理单位签订用水合同。合同一经签订生效，双方必须履约。

国有工程管理单位应当按时足额供水，并获得相应水费分成。因国有工程管理单位的原因，无法正常供水，国有工程管理单位应当及时采取补救措施。如果造成用水方损失的，国有工程管理单位应当按合同约定赔偿损失。因不可抗力而无法正常供水造成损失的除外。

第十二条 农户向田间水利工程管理单位申请年度用水量，田间水利工程管理单位汇总平衡后提交国有工程管理单位。国有工程管理单位根据来水情况，核定田间水利工程管理单位年度用水总量指标。

第十三条 任何单位和个人不得破坏供水设施，扰乱供水秩序。

第十四条 本办法由陆良县人民政府负责解释。

第十五条 本办法自发布之日起施行。

试点项目田间工程管护办法

第一条 为了加强田间工程管护，保障农田水利工程良性运行，长期发挥效益，依据有关法律、法规规定，结合本项目区实际，制定本办法。

第二条 本办法所称田间工程，包括支管、计量设施等小型农田水利工程和配套设施。

第三条 工程建成后，由公司授权或委托合作社负责工程的管理和维修养护。公司授权须与合作社签订相关管护责任协议，明确公司和合作社相关的权利和义务。

第四条 合作社负责管辖范围内的农田水利工程管理和维修养护，具体管护责任落实到人。

第五条 管护人员应认真落实各类工程管理和保护工作。

（一）工程设施周围 5 米为保护区，保护区内不准采石、取土，50 米内不准爆破。

（二）管道、闸阀、给水栓等设施每月中旬必须按规范进行检修、保养。

（三）采取周巡查制，汛期则增加巡查次数，做好巡查记录，发现问题及时登记并上报合作社。

第六条 单次维修经费 5000 元以下的报经董事长同意后实施，5000 元以上的由董事会研究同意后组织实施。

第七条 管护经费纳入供水成本，从水费中列支。具体标准、支付方式、考核办法等，由公司与合作社协商确定。

第八条 管护经费专款专用，自觉接受有关部门的检查和审计，对截留、挪用管护经费的，依法追究法律责任。

第九条 本办法自批准之日起执行。

第十条 本办法由公司负责解释。